探求水果三明治的無限可能
追求飽足，追求美感，更要追求健康！

水果與吐司美味組合公式

永田唯

前言

就製作各種三明治的經驗來說，
組合的時候、切割的時候，
還有，請其他人試吃的時候，
最讓我感到有趣同時又能帶來許多歡樂的就是「水果三明治」。

「水果三明治」是日本的經典，
更可說是日本獨創的三明治。
正因為日本的吐司軟綿且入口即化，
才能夠製作出那麼美味的水果三明治。

麵包、奶油醬和當季水果。
正因為簡單，才更應該拘泥於協調性，
只要仔細組合，就能瞬間改變味道。

為了一眼看出水果的個性，
成品的視覺效果也相當重要。
首先，請試著用食譜中的奶油醬份量，
按照相片的擺法，放上水果。
完成時的感動絕對難以言喻。

為探求「水果」和「麵包」的美味組合，
本書採用的食材，不光只有新鮮水果，
同時也試著採用加工的果醬、糖漬水果、
果乾或堅果的使用方法，
以及料理或起司的組合搭配。

獻給所有喜歡「水果」和「麵包」的朋友們。

敬請各位一邊享受季節的味道，一邊試著挑戰專屬於你的特製三明治。

永田唯

Contents

01 搭配麵包的基本水果

水果的種類 …… 10
果乾的種類 …… 16
製作果乾 …… 17
葡萄乾／蘋果乾／柿乾
堅果的種類 …… 18
堅果的預先處理 …… 19
蜜漬堅果／焦糖堅果
水果的切法 …… 20
桃子 …… 20
柳橙 …… 21
甜瓜 …… 22
芒果 …… 23
酪梨 …… 23
蘋果 …… 24
柿子 …… 24
鳳梨 …… 25
奇異果 …… 25

水果的加熱　果醬
杏桃醬 …… 26
西梅李醬 …… 28
文旦柑橘醬 …… 29
無花果醬 …… 30
草莓醬 …… 30
覆盆子醬 …… 31
藍莓醬 …… 31
Soldum 醬 …… 32
芒果醬 …… 32
改變食材 …… 33
藍莓＆奶油起司
杏桃豆沙
芒果芥末
芒果沾醬

水果的加熱　糖漬水果
糖漬美國櫻桃 …… 34
糖漬黃金桃 …… 35
糖漬無花果 …… 36
水果罐頭 …… 37
糖煮澀皮栗子 …… 38

搭配水果的基本奶油醬
香緹鮮奶油 …… 40
馬斯卡彭起司＆鮮奶油 …… 41
卡士達醬 …… 42
卡士達醬的創意變化
檸檬雞蛋奶油醬 …… 44
牛乳類奶油醬的創意變化
瑞可塔奶油醬 …… 46
馬斯卡彭芝麻奶油醬 …… 46
焦糖堅果奶油起司 …… 47
白巧克力風味的葡萄乾奶油 …… 47
使用堅果的奶油醬
巧克力醬 …… 48
杏仁奶油 …… 49
覆盆子巧克力醬 …… 49
焦糖堅果巧克力醬 …… 49

水果與麵包的組合方法 …… 50
水果的道具 …… 52

02 用麵包夾起來的水果

草莓 × 吐司
圓形剖面　整顆草莓三明治 …… 56
三角形剖面　整顆草莓三明治 …… 57
斜線剖面　薄切草莓三明治 …… 60
橫線剖面　切片草莓三明治 …… 61
半圓剖面　半顆草莓三明治 …… 64
立體剖面　切塊草莓三明治 …… 65

綜合水果 × 吐司
大膽切割　切塊綜合水果三明治 …… 68
優雅切片　時尚綜合水果三明治 …… 69
立體剖面　切塊綜合水果三明治 …… 72
斜線剖面　綜合水果三明治 …… 73

換成季節水果 × 吐司
莓果綜合三明治 …… 74
熱帶綜合水果三明治 …… 75

堅果 & 綜合水果 × 吐司
栗子＆水果綜合三明治 …… 76
堅果＆果乾綜合三明治 …… 77

櫻桃 × 吐司
切塊櫻桃三明治 …… 78

美國櫻桃 × 吐司
切塊美國櫻桃三明治 …… 79
改變麵包
櫻桃牛奶麵包三明治 …… 80
美國櫻桃布里歐三明治 …… 81

甜瓜 × 吐司

切片　甜瓜三明治 …… 82
梳形切　甜瓜三明治 …… 83

桃子 × 吐司

半月切　桃子三明治 …… 84
銀杏切　桃子三明治 …… 85
切半　桃子三明治 …… 86
梳形切　桃子三明治 …… 87

改變食材

蜜桃梅爾芭風格三明治 …… 88

改變麵包

黃金桃、鳳梨、櫻桃的甜點午餐麵包 …… 89

芒果 × 吐司

切半　芒果三明治 …… 90
切片　芒果三明治 …… 91

奇異果 × 吐司

切塊　奇異果三明治 …… 92
切片　奇異果三明治 …… 93

無花果 × 吐司

切半　無花果三明治 …… 94
切片　無花果三明治 …… 95

改變食材

無花果和馬斯卡彭芝麻奶油醬的日式三明治 …… 96

改變麵包

無花果和布里亞薩瓦蘭起司的布里歐三明治 …… 97

葡萄 × 吐司

整顆　晴王麝香葡萄三明治 …… 98
半月　晴王麝香葡萄三明治 …… 99
長野紫葡萄和晴王麝香葡萄三明治 …… 100

改變食材　改變麵包

裸麥麵包的葡萄乾奶油三明治 …… 101

柑橘 × 吐司

蜜柑三明治 …… 102
夏蜜柑三明治 …… 103

改變食材　改變麵包

柳橙和鮭魚的裸麥麵包三明治 …… 104
火腿、米莫萊特起司和檸檬雞蛋奶油醬的三明治 …… 105

香蕉 × 吐司

香蕉&巧克力三明治 …… 106

堅果奶油 × 全麥吐司

堅果奶油和草莓醬的三明治 …… 107

改變食材

杏仁奶油、香蕉和無花果醬的三明治 …… 108
香蕉、花生奶油和培根的熱壓三明治 …… 109

蘋果 × 全麥吐司

蘋果片&焦糖堅果起司三明治 …… 110

西洋梨 × 吐司

西洋梨三明治 …… 111

改變食材　改變麵包

烤蘋果片的葡萄乾麵包三明治 …… 112
西洋梨和生火腿的長棍麵包三明治 …… 113

栗子 × 吐司

切塊　栗子三明治 …… 114

堅果 × 吐司

酥脆　堅果三明治 …… 115

改變食材

栗子派風味三明治 …… 116

改變食材　改變麵包

蜜漬堅果和奶油起司的貝果三明治 …… 117

酪梨 × 吐司

切片　酪梨三明治 …… 118

改變食材　改變麵包

酪梨醬和奶油起司的三明治 …… 119
酪梨和鮭魚的裸麥三明治 …… 120
酪梨沾醬和鮮蝦的可頌三明治 …… 121

莓果 × 吐司

切塊　藍莓三明治 …… 122
覆盆子起司蛋糕三明治 …… 123

改變麵包

藍莓和奶油起司的貝果三明治 …… 124

改變食材　改變麵包

巧克力覆盆子長棍麵包 …… 125

日式組合 × 吐司 + 日式食材

草莓大福風味甜點三明治 …… 126
杏桃豆沙甜點三明治 …… 127

03 放在麵包上面的水果

柑橘醬&奶油吐司 …… 130
覆盆子醬的抹醬麵包 …… 131
香蕉、藍紋起司的杏仁奶油全麥吐司 …… 132
綜合莓果和覆盆子醬的抹醬可頌 …… 133
無花果與馬斯卡彭芝麻奶油醬的抹醬麵包 …… 134
蘋果與卡芒貝爾乳酪的抹醬麵包 …… 135
蜜漬綜合堅果的抹醬麵包 …… 136
美國櫻桃和茅屋起司的抹醬麵包 …… 137
糖煮澀皮栗子和瑞可塔的抹醬麵包 …… 138
英式烤餅和檸檬雞蛋奶油醬 …… 139
酪梨吐司 …… 140
烤鳳梨培根吐司 …… 141

04 混進麵包裡面的水果

夏日布丁 …… 144
巴塔和柳橙的夏日水果布丁 …… 146
無花果的夏日水果布丁 …… 147
栗子蘭姆巴巴 …… 148
蜜桃梅爾芭風格的薩瓦蘭蛋糕 …… 149

05 水果是知名配角 世界的三明治

France
火腿起司佐芒果芥末 …… 152
Italy
甜瓜火腿帕尼尼 …… 153
Vietnam
豬肉鳳梨越南法國麵包 …… 156
Taiwan
花生奶油綜合三明治 …… 157
U.S.A
檸檬奶油起司煙燻鮭魚貝果三明治 …… 160
U.S.A
古巴三明治 …… 161
England
茶點三明治 …… 164
Japan
芒果醬厚切豬排三明治 …… 165

06 用適合搭配麵包的水果入菜 世界料理

France
三種水果的涼拌胡蘿蔔絲 …… 170
Italy
無花果、臘腸和莫札瑞拉乳酪沙拉 …… 171
Hangary
櫻桃冷湯 …… 172
Spain
西班牙凍湯與西瓜 …… 173
France
蘋果馬鈴薯湯 …… 174
栗子湯 …… 175
Italy
義式牛肉沙拉
佐葡萄和芝麻菜 …… 176
France
香煎鴨肉佐苦橙醬 …… 177
嫩肝水果陶罐 …… 178
甘栗嫩肝烤雞 …… 179

07 水果、麵包和起司的享用方法

藍紋起司無花果和焗烤長棍麵包 …… 182
美國櫻桃和卡芒貝爾乾酪的蛋糕組合 …… 184
起司和水果的法式醬糜 …… 186
楓丹白露和藍莓果粒果醬 …… 188
起司和水果的驚喜麵包 …… 190

本書的使用方法

- 大匙為15mℓ，小匙為5mℓ。
- E.V.橄欖油是特級初榨橄欖油的簡稱。

01

搭配麵包的
基本**水果**

水果的 種類

所謂的「水果」是指，多年生植物的可食用水果；草莓或甜瓜等一年生植物的水果，則被當成蔬菜，被稱為「水果蔬菜」或「果菜」。這裡則是將堅果類以外的「果物」和「果菜」稱為水果。

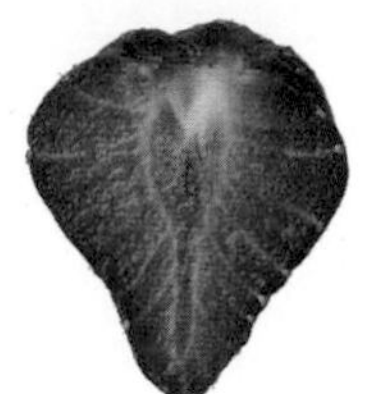

甘王（Amaou）

原文名稱あまおう是由「あかい（鮮紅）、まるい（圓潤）、おおきい（大顆）、うまい（美味）」4個日文單字的字首所命名而成。福岡縣研發出的品種。大顆且香甜，連內部的果肉都呈現鮮紅，所以製成三明治時，剖面的視覺效果特別令人印象深刻。

紅頰（Benihoppe）

大顆且能夠感受到濃郁的甜味和鮮明的酸味。香氣十足，果肉偏硬，所以保存時間較長，非常利於三明治的應用。帶有酸味，所以也非常適合製作成果醬。靜岡縣的品種。

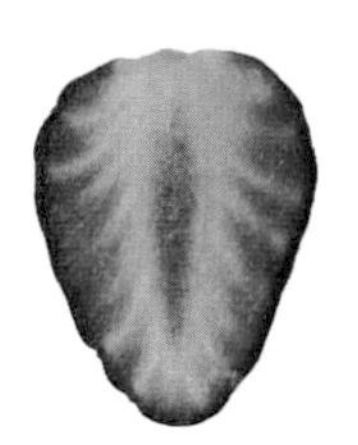

栃乙女（Tochiotome）

栃木縣研發的品種，約占栃木縣草莓產量的九成。栃木縣的草莓產量是日本全國之冠，因此，此品種的流通量也相對較大。強烈甜味中隱約帶點酸味，保存時間也很長。

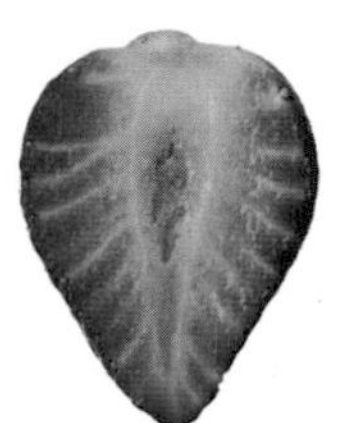

天空莓（Skyberry）

「栃乙女」的後繼品種，人氣度持續攀升的高級品種。大小是一般草莓的 3 ～ 4 倍大，香氣濃郁，酸甜滋味恰到好處。

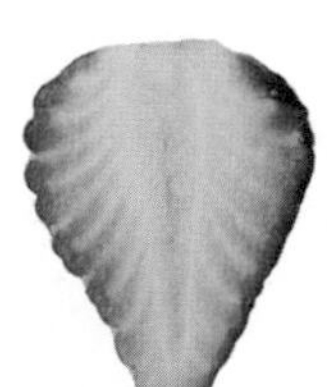

佐賀穗香（Sagahonoka）

正如其名，產自佐賀的品種。大顆且果皮鮮紅，但內部的果肉和果芯則呈現白色。甜度很高，酸味較少。果肉偏硬，保存時間較長。

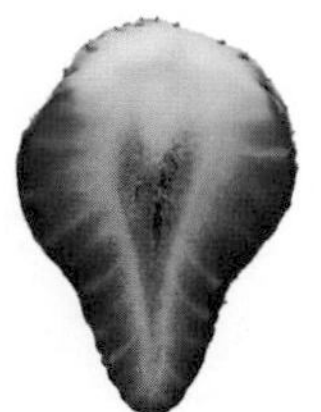

美國產草莓

主要在不容易取得日本國產草莓的 6 ～ 11 月期間進口的美國產草莓。可說是買不到日本國產草莓時的至寶。相較於日本國產草莓，酸味較強烈，果肉也比較硬。把偏硬的芯連同蒂頭一起切除，就會比較容易食用。

覆盆子

特徵是鮮艷的紅色、清爽的香氣和酸甜滋味。屬於樹莓的一種，由小小顆粒集結成一顆水果。英語是Raspberry，法語則是Framboise。容易損傷，處理的時候要格外小心。

藍莓

酸甜滋味恰到好處，顆粒小，容易食用。日本國內的栽培量也有增多的趨勢，夏天也能夠輕易購買到日本國產品。製作三明治的話，大顆粒的種類比較容易使用。

川中島白桃

長野縣生產的品種。甜味強烈，大顆且略硬。果肉呈白色，種籽的周邊則是紅色。製作三明治的時候，可以運用白色果肉和中央部分的紅色色調。

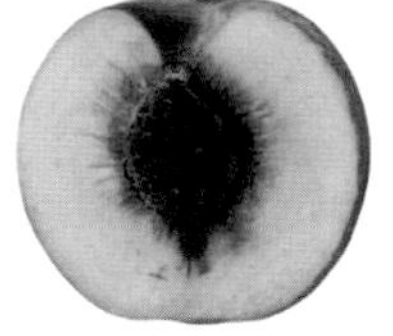

黃金桃

深黃色的果肉，有著鮮明的甜味，味道濃厚。肉質結實，適合製成糖漬水果。也可以輕易買到價格低廉的罐頭，非常容易使用。

Soldam（李子）

產自美國的中生種，略帶點綠色的果皮，包覆著鮮紅色的果肉，格外令人印象深刻。甜味強烈且多汁。李了的水分較多，所以可以加工成果醬，當成三明治的餡料或製作麵包抹醬。

太陽（李子）

山梨縣發現的晚生種。大顆粒，有著鮮明的甜味。果皮略帶紫色，果肉呈乳白色。肉質結實，烤過之後仍非常美味。可搭配肉類料理、沙拉，也可以放在麵包上面烤。

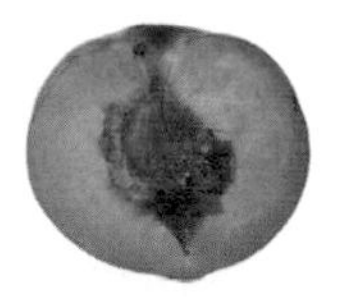

秋姬（李子）

山梨縣發現的晚生種。大顆粒，沉穩的酸味和清爽甜味相得益彰。果皮呈紅紫色，果肉為黃色。李子的栽培時期會因品種而有不同，所以初夏至秋天間，可以品嚐到各種不同的品種。

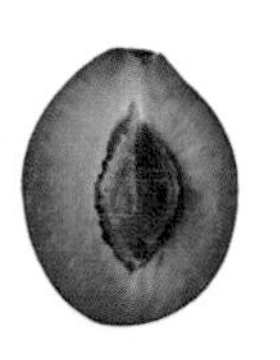

西梅李

歐洲李的一種。不光是進口的西梅乾，夏至秋初期間，也有日本國產生吃用的西梅李在市面上流通。酸酸甜甜且多汁，可連皮一起吃。製作成果醬也十分美味。

杏桃

日本自古就有栽培，杏仁（種籽）被當成藥使用，產季較短，生杏桃的流通量比較有限。製成果醬或糖漬水果，就能實現酸甜均衡的美味，適合加工食用。

水果的 種類

桝井陶芬（無花果）

日本國內最普遍的品種。夏天和秋天可收成 2 次，因此，流通期間長，同時也能長時間保存。特色是水嫩、清爽的甜味。水溶性食物纖維的果膠相當豐富，也很適合製成果醬。

Black Mission（無花果）

美國加州產的黑色無花果。尺寸偏小，與日本國產品相比，果肉較硬且結實，保存時間也比較長。口感黏膩、甜味清爽。除製成果乾之外，也很適合加工成糖漬水果或果醬。

Florence（白色無花果）

日本國內的流通量較少，不過，流通的歐洲原產品種卻很多。小顆且果皮呈黃綠色的白無花果，熟透之後，果皮仍不會變色，不過，果肉則和黑無花果一樣，同樣會變成紅色。

晴王麝香葡萄

特色是果粒大顆、甜味強烈，同時還有豐富的麝香氣味。因為果皮很薄，又可以帶皮吃，所以十分受歡迎，產量也持續增加。鮮豔的綠色也很美，也是水果三明治中十分受歡迎的食材。

瀨戶巨人葡萄

產自岡山的品種。渾圓的獨特果粒外形與桃子類似，因此又被稱為「桃太郎葡萄」。果粒大顆，甜度極高且多汁。外皮較薄，可帶皮一起吃。爽脆的口感也很討喜。

珍珠葡萄

甜味強烈，果粒較小，沒有種籽，非常容易食用。近年來，因為大顆果粒的品種較為盛行，所以產量有減少的趨勢，不過，在日本仍算是栽培量較多的品種。也可以運用本身的小顆粒尺寸，製作成自製葡萄乾。

長野紫葡萄

長野縣的開發品種，大顆粒、甜味強烈、皮薄。口感爽脆、不酸澀，可連皮一起吃。近幾年人氣有上漲的趨勢。

紫苑

大顆粒，甜度強烈且多汁。無籽，很方便吃。因為是在多數葡萄結束盛產期的 10 月至 12 月期間出貨，所以又被稱為冬季葡萄。

進口葡萄

近年，進口葡萄的流通量有增多的趨勢，全年都可以買得到。照片左起分別是藍寶石（Sweet Sapphire）、湯普森（Thompson）、紅地球（Red Globe）。每一種都可以帶皮吃，所以都很受歡迎。

溫州蜜柑

代表日本的柑橘。因為容易用手剝開食用，所以在國外也十分受歡迎。甜味強烈，多汁。沒有種籽，外皮較薄，所以製作成三明治也十分容易食用。

夏蜜柑

正式名稱為「川野夏橙」，在大分的果樹園被發現。比夏橙更甜，酸味更少，所以更容易入口。微苦，帶有清爽的餘韻。本書使用的是糖漿浸漬的罐頭。

水晶文旦

大型的柑橘，果皮較厚。果肉有著清爽的優質甜味，有顆粒感，口感很棒。厚皮可以製作成砂糖煮或柑橘醬。

晚崙夏橙

世界各地最為人熟知的甜橙代表品種。多汁，帶有恰到好處的酸味和清爽的甜味。不光果肉，果皮也可加工食用。

檸檬

特徵是強烈的酸味和溫和的香氣。在世界各地被廣泛應用於料理或甜點。日本國內是以進口檸檬為主流，不過，近年日本國產檸檬也有栽培增加的趨勢。因為是在果皮呈綠色的時候採收，所以日本國產品大多都是綠色。

萊姆

日本國內大多是以墨西哥產的品種為主流。果皮薄綠。特徵是檸檬那樣的鮮明酸味和苦味，同時帶有獨特的芳香。果皮的香氣很棒，可磨成碎末使用。

奇異果

原產於中國，不過，紐西蘭的改良品種更為普及。日本國內以進口品種為主流，日本國產品種也有增多的趨勢。有著鮮豔、漂亮的綠色，酸甜滋味剛剛好。

紅秀峰

以日本國產櫻桃「佐藤錦」作為親本的晚生種。比佐藤錦更大顆，甜度更高，用來製作成三明治更有存在感。果肉偏硬，保存時間較長。

美國櫻桃

比日本國產櫻桃更大顆，甜味、香氣也比較濃厚。果皮呈紫黑色，內部則是紅色。果肉偏硬，口感爽脆。也可以製作成糖漬水果。

水果的 種類

紅玉

蘋果是人類最早吃的第一種水果，世界各地都有各式各樣的品種。紅玉有強烈的酸味，果肉脆硬、結實，適合用來加工。同時也是十分受歡迎的烘焙用食材。

紅龍蘋果

由金冠蘋果和紅玉蘋果混育而成，甜味和酸味的比例恰到好處。鮮紅色的果皮顏色也十分漂亮，非常容易應用於三明治。果肉偏硬，也很適合加熱。

信濃金蘋果

黃蘋果的代表品種，在長野由金冠蘋果和千秋蘋果混育而成的中生種。特徵是極高的甜度、隱約的酸味、清爽的香氣和爽脆的口感。

豐水（日本梨）

日本產量最多的日本梨是「幸水」，其次就是「豐水」。中生種的大顆赤梨。多汁且甜味強烈。肉質軟嫩、清爽。

法蘭西梨（西洋梨）

原產於法國的晚生種。全熟後，甜度會增加。特徵是濃醇且黏稠的口感。小顆粒尺寸，非常容易處理。除了生吃之外，也很適合製成糖漬水果或果醬等加工品。

平核無柿（柿子）

原產於新潟，沒有種籽的澀柿，去除澀味後出貨。容易食用，甜味鮮明。爽脆的口感會隨著熟成而逐漸變得黏稠、軟爛。

Earl's 品種甜瓜（綠肉甜瓜）

表皮覆蓋著網紋的「網紋甜瓜」，把高級品種「Earl's favorite（伯爵的最愛）」改良成更容易栽培的品種。香氣濃郁且甜味極高。製成三明治的話，要選擇沒有太熟的。

Rupiah Red（紅肉甜瓜）

果肉呈現鮮豔的橘色，富含 β－胡蘿蔔素。相對於餘韻清爽的綠肉甜瓜，甜味更高，香氣更濃郁。若是搭配生火腿的話，紅肉甜瓜比較適合。

酪梨

被譽為「森林奶油」，被金氏世界紀錄認證為營養價值最高的水果。特徵是柔滑的口感和鮮豔的顏色，是十分受歡迎的三明治食材。

鳳梨

甜度高且多汁，散發出香甜、豐富的香氣。纖維質較多的鳳梨芯比較硬，不過，也有連鳳梨芯都很軟的品種。市面上幾乎以進口品種居多，全年都可以買到新鮮的鳳梨。

香蕉

全年都可以買到，而且價格低廉，是日本平均每戶水果消費量（日本總務省統計局的家計調查）的冠軍。特色是黏糊口感和濃醇的甜味，隨手就能抓著吃的這一點，也是其魅力所在。

芭蕉

長度約 7 ～ 9 cm左右。1 條約 50g，容易食用。柔軟的甜味是其特徵。價格比一般的香蕉貴，但是，就三明治來說，尺寸上更容易使用。

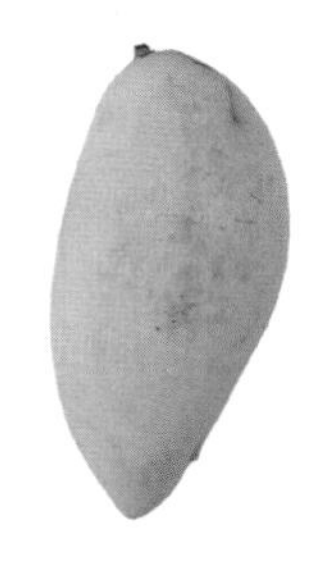

愛文芒果

日本國內大量種植，非常受歡迎的品種。又被稱為「蘋果芒果」。外形就像大顆的雞蛋，有著濃醇的甜味和入口即化的口感。

肯特芒果

原產自墨西哥，熟成後呈現紅色的「蘋果芒果」的一種。纖維質較少，觸感柔滑。有鮮明的甜味和隱約的酸味。

水仙芒果

泰國產，因為果皮、果肉都呈現黃色，所以又被稱為「黃金芒果」。甜度極高，有著濃郁的甜味和柔滑的口感。

用水果製作三明治之前

水果的味道、口感各式各樣，吃法也各不相同。有些可以帶皮吃，有些必須剝皮吃，有些適合生吃，有些則是加工食用會比較美味。另外，種籽的有無也會影響切法或用途。甚至，還有像芒果那種，如果不知道種籽的形狀或位置，就很難切的種類。首先，先品嚐一下水果本身的味道，再進一步思考該搭配哪種麵包、哪種奶油醬，才能充分凸顯出水果本身的個性。即便是相同的水果，仍會因品種差異，而有不同的酸甜比例、口感。切成大塊或是薄切，也會改變整體的感覺。

另外，只採用一種水果，或是搭配多種不同的水果，也會影響到剖面視覺或味道調整的方向性。

只要在組合的時候，逐一調整各個細節，就能讓簡單的水果三明治，變身成令人驚豔的奢侈甜點。

果乾的種類

只要透過乾燥的方式，進一步濃縮水果本身的味道，就能創造出不同於新鮮水果的獨特美味。鮮明的酸甜滋味，在搭配麵包的時候，即便只有少量，仍然存在感十足。

加州葡萄乾

在全球的葡萄乾產量中，約有4成都產自加州，因此可說是最普遍的葡萄乾。由完熟的葡萄曬乾製成。特色是濃醇的甜味和黏黏的口感。

蘇丹娜葡萄乾

土耳其產的葡萄乾，曝曬的時間比加州葡萄乾更短，特徵是略帶黃色的明亮色調。外皮較薄，有著鮮明的天然甜味和隱約的酸味。

無核小葡萄乾

尺寸只有標準葡萄乾的1/4，可製作出無種籽的迷你葡萄乾。香氣強烈，帶有鮮明的酸味。在沙拉等料理中，比一般葡萄乾更容易凸顯出特色。

藍莓乾

藍莓的甜味和酸味濃縮之後，味道更顯濃醇。把新鮮的藍莓、藍莓醬和藍莓乾加以組合搭配，就可以同時享受到各種不同的風味。

杏桃乾

被譽為果乾之王，在世界各地十分普遍，烘焙業界也經常使用。照片是土耳其產的軟杏桃乾，特徵是爽口的味道。也可以直接製成糖漬水果。

西梅乾（去籽）

用西梅李（西洋李）乾燥製成，特色是黏膩的口感和濃醇的甜味。果肉柔軟，酸味也恰到好處。富含鐵質、維他命B群和食物纖維。

黑無花果乾

有著特殊的顆粒口感，甜味溫和，酸味較少。食物纖維和鐵質很豐富，可直接吃。也可以直接製成糖漬水果。

伊朗產白無花果乾

因為是完熟後才摘採，所以一剝就能打開。顆粒較小且硬，但甜味十分濃醇。推薦直接搭配麵包或起司一起吃。

柿餅

把無法直接吃的澀柿變成美食，利用生活智慧所創造出的日本傳統食品。日式形象濃厚，不過和麵包十分契合。也可以搭配奶油或起司一起品嚐。

芒果

乾燥之後，仍可保留濃醇的熱帶香氣和味道，是果乾當中最受歡迎的種類。吸水後，就能恢復成新鮮芒果的口感，因此，若當成沙拉配料的話，味道就會更鮮明。

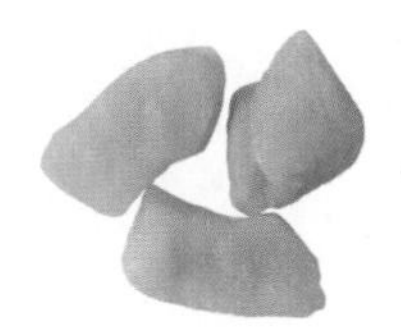

鳳梨乾

香甜、濃醇的味道中，散發出清爽的酸味。纖維較多，可享受到爽脆口感。泡水後，味道就會與新鮮鳳梨相近。也可以切成粗粒，搭配奶油起司一起品嚐。

香蕉片

用椰子油酥炸切成薄片的香蕉，口感酥脆，甜味溫和。也可以用果乾的感覺，當成水果三明治的表層飾材。

製作果乾

只要使用烤箱或蔬果烘乾機（食品乾燥機／參考 p. 53），就能輕鬆製作果乾。
和市售品相比，自己動手做，更能品嚐到新鮮味道，同時也能依個人喜好，
調整乾燥的程度。家裡有多餘的當季水果的時候，就可以試著製作看看。

葡萄乾的製作方法

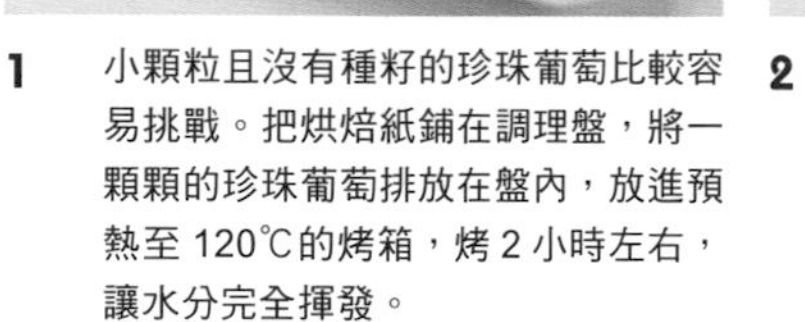

1 小顆粒且沒有種籽的珍珠葡萄比較容易挑戰。把烘焙紙鋪在調理盤，將一顆顆的珍珠葡萄排放在盤內，放進預熱至 120℃的烤箱，烤 2 小時左右，讓水分完全揮發。

2 外皮全部皺在一起，但裡面仍有水分的濕潤狀態。放涼後，放進保存容器，放進冰箱內保存。乾燥程度可依個人喜好調整，也可以製成水分較多的半乾果乾。

蘋果乾的製作方法

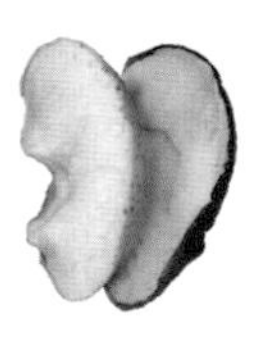

1 蘋果在帶皮狀態下切成梳形切（參考 p.24 切法），排放在蔬果烘乾機的網盤上面。設定成中溫（60℃左右），讓果肉乾燥。

2 以 6 ～ 8 小時為標準，乾燥至個人喜愛的程度。只要確實乾燥，就能提高保存性。放進保存容器裡面，放進冰箱保存。

柿乾的製作方法

1 柿子削皮，切成梳形切（參考 p.24 切法），排放在蔬果烘乾機的網盤上面。設定成中溫（60℃左右），讓果肉乾燥。

2 以 6 ～ 8 小時為標準，乾燥至個人喜愛的程度。只要確實乾燥，就能提高保存性。放進保存容器裡面，放進冰箱保存。

堅果的 種類

被堅硬外殼或薄皮包覆的食用水果或種籽的總稱，簡單來說，就是可以吃的「水果」。通常都是去除掉外殼或外皮後，再進一步烘烤。營養價值極高，自古就被當成珍貴的保存食材。搭配麵包的時候，要稍微加工一下，例如烤香或是製成抹醬。

核桃

就以適合搭配麵包的堅果來說，核桃非常容易使用。富含有益身體的Omega-3脂肪酸與抗氧化物質（多酚、褪黑激素）。可以生吃，不過比較建議烘烤。

杏仁（整顆）

營養價值極高，尤其含有豐富的維生素E，近年更是深受矚目的超級食物。烘烤之後會產生香氣，非常適合搭配麵包。杏仁牛奶、杏仁奶油也非常受歡迎。

杏仁片

對三明治的製作來說，杏仁片使用起來格外便利。建議烤至稍微上色的程度。在水果三明治上面作為重點使用時，香氣格外鮮明。

開心果

在舊約聖經中出現的示巴女王（Queen of Sheba）所鍾愛的食物，因而被稱為「堅果女王」。淡綠色是其主要特色，風味絕佳。富含油酸、亞油酸等不飽和脂肪酸、鉀。

開心果（Super Green）

深綠色是其最大特色，採收年幼水果的生開心果。鮮豔的綠色令人印象深刻，在水果三明治的最後階段，可以切成碎粒，當成表層飾材使用。

長山核桃

在美國十分受歡迎的堅果，經常用於烘焙點心。因富含抗氧化物質，而成為備受矚目的抗老食品。在本書主要是搭配其他堅果混合使用。

榛果

帶殼時有著宛如栗子般的形狀。含有豐富的油酸和維生素E，同樣是非常受歡迎的抗老食品。香氣濃郁，也會被當成甜點材料。也經常搭配巧克力一起使用。

栗子

非常受歡迎的秋季味。在堅果中脂肪含量較少，澱粉較多。甜味強烈，有許多膏狀或甘露煮等加工品，除當成甜點材料外，也可廣泛應用於料理素材。

花生

不是生長在樹上的堅果，事實上它是生長在土裡的豆科植物的水果。就麵包搭配的組合來說，花生奶油是最受歡迎的組合。富含油酸、亞油酸等不飽和脂肪酸、維生素E。

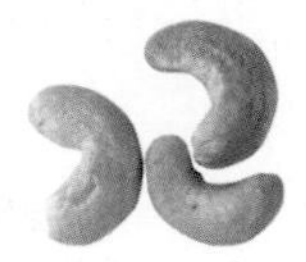

腰果

原產於西印度群島，也會被應用於咖哩。長在有著蘋果香氣的水果（腰果蘋果；Cashew Apple）的前端。形狀宛如勾玉，有淡淡的香氣，口感輕盈。

夏威夷豆

在日本國內被當成夏威夷土產，巧克力或咖啡風味都很受歡迎，但事實上它是原產自澳大利亞的堅果，自古以來便是原住民的營養來源。據說外殼硬度是世界之冠。

松子

在中國深受喜愛的藥膳料理食材，營養價值極高，甚至被譽為神仙靈藥。在義大利也會被當成香蒜醬的材料，料理或烘焙也有廣泛應用。

堅果的預先處理

若要搭配麵包，建議充分運用堅果的香氣和酥脆口感。
準備沒有調味的種類，依照使用狀況加工使用吧！

烘烤

近年來，把堅果當成生機飲食（Raw Food）食材，以非加熱形式使用的情況，有逐漸增多的趨勢，不過，若是搭配麵包的話，還是建議確實烘烤。烘烤過後，香氣和口感會更加明顯，同時也能當成重點提味，即便只有少量使用，仍可增加存在感。

烘烤方法：基本上是用預熱至 160℃的烤箱烤 10 分鐘左右，一邊觀察烤色，調整時間。整顆烘烤的話，要依照顆粒大小延長時間。烤杏仁片的話，要平均攤平，避免重疊。

製成抹醬

像花生奶油或杏仁奶油（參考 p.49）那樣，把堅果製作成抹醬，當成堅果奶油使用的情況也不少。堅果奶油可以直接塗抹在麵包上面，也可以當成三明治的重點提味。照片是市售的開心果抹醬（p.79 使用的材料）和栗子奶油（p.114、116 使用的材料）。開心果抹醬的價格較高，味道濃醇，所以只要在奶油醬裡面加上少量，就能增添風味。栗子奶油是在栗子醬裡面加上甜味和香草風味的感覺，可當成果醬使用。

蜜漬堅果

把個人喜歡的堅果，整顆烘烤之後，再放進蜂蜜裡面浸漬即可。製作方法簡單的蜜漬堅果是非常適合搭配麵包的堅果保存食品。堅果富含油脂，不容易氧化，放進蜂蜜裡面浸漬之後，美味就能更長時間保存。基本上，堅果和蜂蜜採用相同份量，只要堅果能夠確實浸漬在蜂蜜裡面就沒問題。蜂蜜採用洋槐蜂蜜等，比較沒有腥味的種類。如果使用帶有香氣和隱約苦味的栗花蜂蜜，味道就會偏向成人風味。

焦糖堅果

用焦糖包覆烘烤過的堅果。享受隱約的苦味和酥脆口感。

焦糖堅果的製作方法（容易製作的份量）
在鍋裡放進精白砂糖 125g 和水 1 大匙，開火加熱。精白砂糖融化，呈現糖漿狀之後，放進綜合堅果（烘烤）250g，用耐熱鏟充分攪拌混合。堅果周圍的糖漿會在溫度下降後，呈現白色結晶化。就這樣持續攪拌混合，一邊持續加熱。糖漿呈現茶褐色的焦糖狀之後，加入無鹽奶油 10g，混合攪拌。最後，平鋪在鋪有烘焙紙的調理盤上冷卻。

水果的 切法

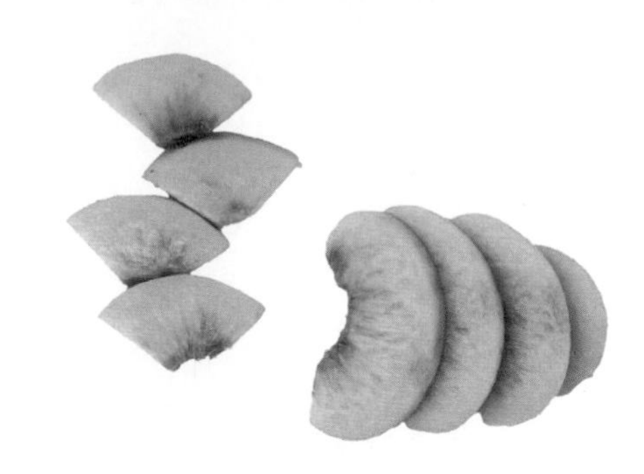

介紹水果搭配麵包或製成三明治時的切法。讓形狀或尺寸一致的部分當然不用說，除此之外，平均切割，避免讓水果的味道有所偏頗，也是重點之一。雖說沒有什麼特別的切法，但如果不知道該怎麼切的時候，還是可以稍微參考一下。

桃子

切法 / 果肉軟嫩細膩，要小心處理。希望剝除整個外皮時，只要用熱水汆燙就可以了。

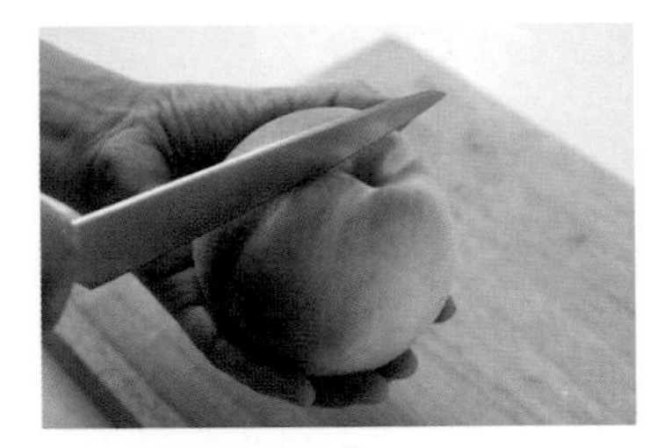

1 桃子從蒂頭的部分，沿著中央的窟窿切入。刀子碰觸到種籽後，轉動刀子，讓刀子環繞桃子一圈。

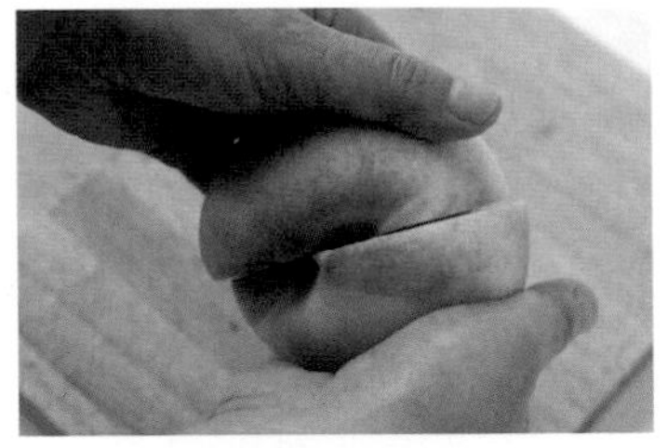

2 用左右手抓住兩側，分別朝相反方向扭轉，將桃子分成兩半。因為桃子的果肉比較軟，所以抓握的力道要輕柔，避免用力擠壓。

3 分成兩半後，種籽會附著在單邊。

4 用刀子的前端切開種籽周圍的纖維。

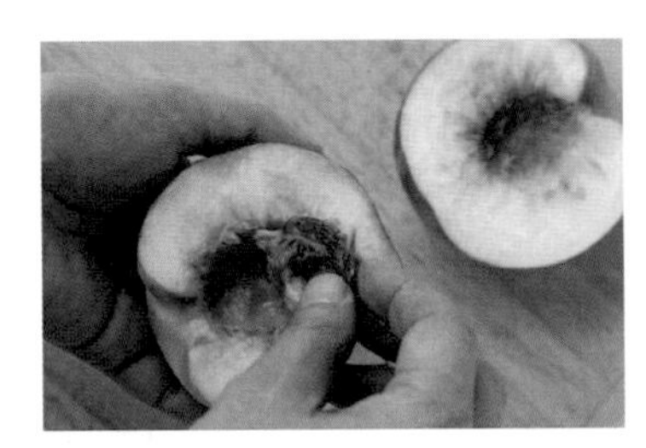

5 拿掉種籽。

6 桃子較柔軟時，只要用刀子撕拉，就可輕易地剝除外皮（p.86 使用）。

7 切片的話，就在 **6** 之後，切成符合用途的厚度（p.84 使用）。

8 梳形切的情況則是在 **5** 之後，朝縱向切開。切成符合用途的厚度後，再剝除外皮（p.87 使用）。

9 銀杏切的情況，在 **8** 之後，進一步切成符合用途的厚度（p.85 使用）。

柳橙

切法 / 從瓤裡面切出果肉時，要避免殘留下白色絲絡或薄皮。

1 橫向切除柳橙的蒂頭。

2 另一邊也採用相同切法。

3 切掉的部分朝下，刀子沿著果皮和果肉間，由上往下，將果皮切開。

4 重複 **3** 的動作，繞行一圈，將果皮完全切除。

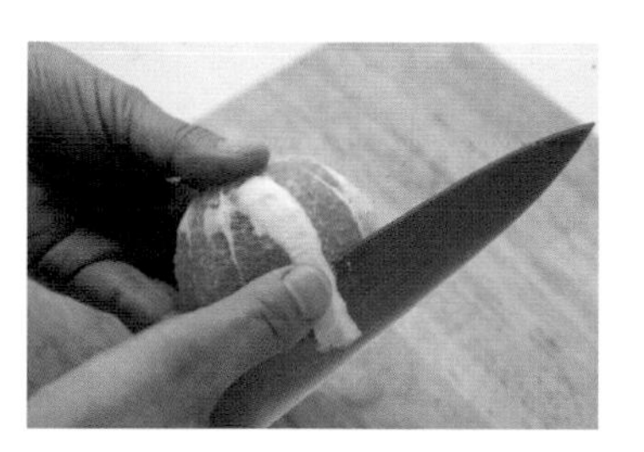

5 如果有白色絲絡或薄皮殘留，就仔細削除。

6 將瓤裡面的果肉切開。沿著薄皮，將刀子切進瓤的內側。

7 反方向也一樣，朝中央切入，切出果肉（p.104、177 使用）。

8 使用果皮的時候，要仔細地削掉白色絲絡。

9 將果皮切成符合用途的細絲（p.146 使用）。

水果的 切法

甜瓜

切法 / 種籽周邊的甜度較高，越接近果皮，甜度越低，只要切成梳形切，就能使味道均衡。

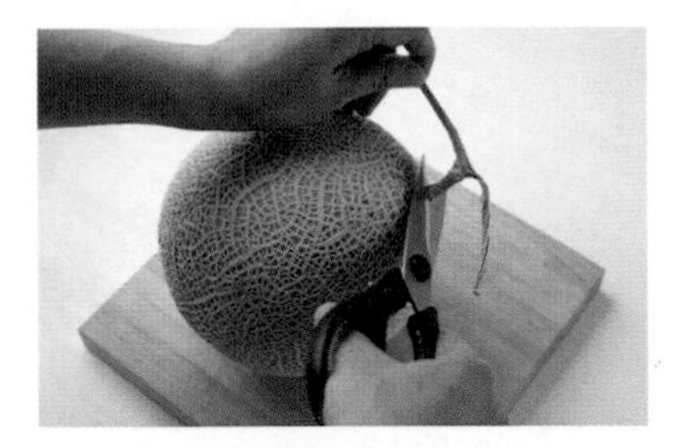

1 切掉藤蔓部分。

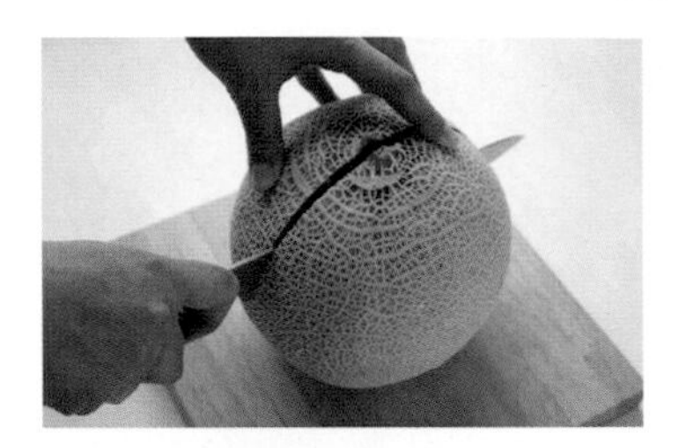

2 縱切成對半。

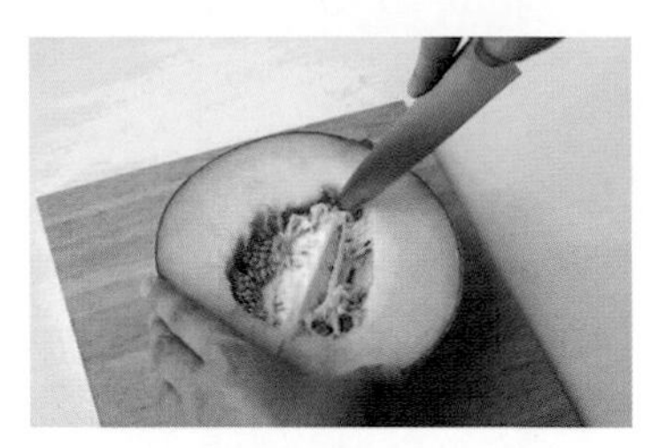

3 切斷種籽上下端的筋。

4 使用湯匙挖出種籽。

5 進一步縱切成對半。

6 切成符合用途的梳形切大小。這裡是把 **5** 的大小切成對半，再切成 1/8 大小。

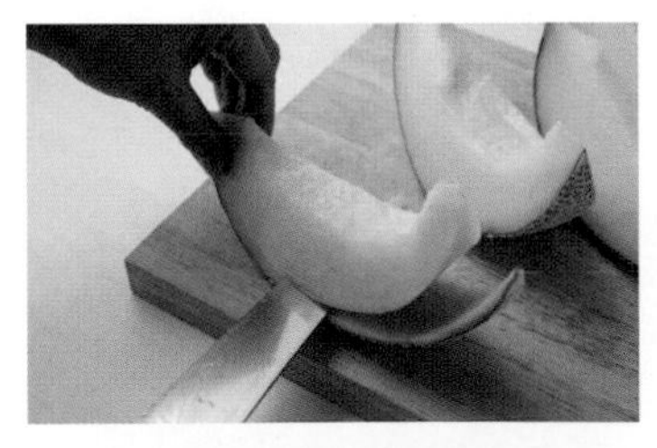

7 將果皮按壓在砧板上面，維持抓取的穩定性，刀子從果肉和果皮之間切入，沿著甜瓜的弧度，切開果皮。

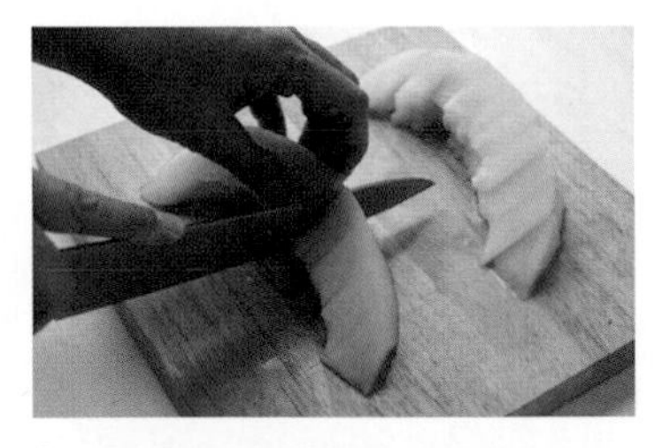

8 切成符合用途厚度的銀杏切（p.82 使用）。

9 從 **6** 的狀態，進一步切成更薄的梳形切時，就先從中央切成對半，然後切成薄切，最後再利用與 **7** 相同的方法切掉果皮（p.83 使用）。

芒果

切法 / 關鍵是掌握扁平的種籽形狀和位置。只要使用刀刃柔韌的刀子，就會更容易切。

1 芒果的中央有扁平的種籽。以蒂頭作為基準點，從大約 1 cm 的兩側入刀。沿著種籽切開果肉。

2 切開單面後，翻面，另一面也以相同的方式切開。藉此將芒果分成有種籽的中央部分，以及兩側的果肉部分。

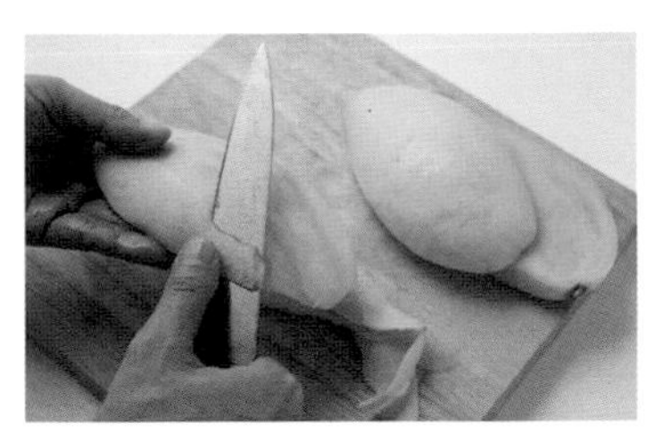

3 削皮。

4 種籽的兩側也有果皮，所以要沿著種籽去皮。

5 只要讓種籽立在砧板上面，就能輕易切開附著在種籽上的果肉，就不會造成浪費。

6 依照用途，將果肉切成對半（p.90 使用），或切片（p.75、91 使用）。

酪梨

切法 / 柔軟的果肉容易壓爛，所以削皮之後要小心處理。

1 酪梨的正中央有種籽。以蒂頭作為入刀的基準點，刀子碰觸到種籽後，直接讓刀子環繞酪梨一圈。

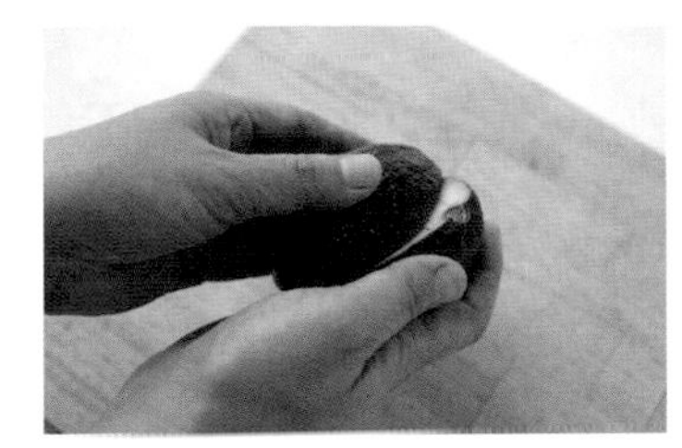

2 用左右手抓住兩側，分別朝相反方向扭轉，將果肉分成兩半。

3 種籽會附著在單邊，把刀刃插進種籽裡面。

4 像 **2** 那樣，讓抓著果肉的手和握刀的手，分別朝相反方向扭轉取出種籽。

5 剝除果皮，可以直接用手，或是利用刀子剝開。

6 依用途朝縱向（p.120 使用）或橫向切成片狀（p.118 使用）。

蘋果

切法 / 為了運用紅色果皮和淡黃色果肉的對比顏色，只要讓果皮平均分佈就可以了。

1 縱切成對半。

2 用挖球器（參考 p.52 水果裝飾）挖掉果核。

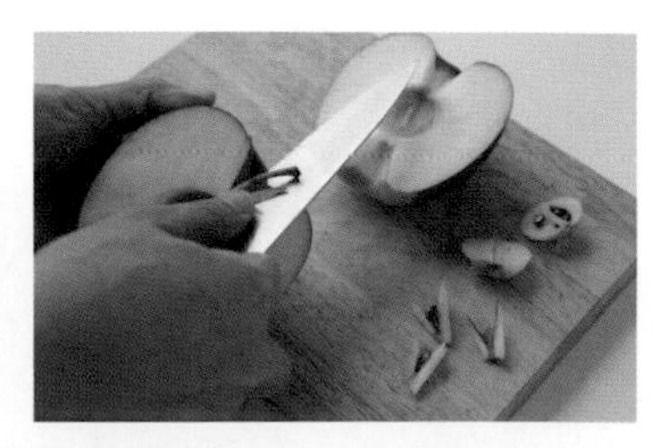

3 果核的上下方以 V 字切除。

4 切成梳形切時，接下來就呈放射狀，朝縱向切開（p.17 使用）。

5 以果核為中心，朝橫向切半月狀。製作成三明治時，建議採用這種能產生美麗曲線的切法。

6 切成符合用途的厚度（p.110、112、135 使用）。

柿子

切法 / 用於三明治時，沒有種籽的品種較容易使用。蒂頭周圍較硬的部分要仔細切除。

1 縱切成對半。

2 把蒂頭和周圍較硬的部分切掉。

3 削皮。

4 進一步切成對半。切成銀杏切時，把 1/4 塊朝橫向切成片狀（p.76 使用）。

5 以中央為基準點，切成梳形切。

6 切成符合用途的厚度（p.17 使用）。

鳳梨

切法 / 鳳梨芯很硬，所以要挖空使用。如果有去芯器，就會更加便利。

1 用手抓住葉子，以滾動的方式，將上下端水平切開。

2 直立在砧板上面，削除外皮。把刀子切進芽眼（褐色的凹凸部分）的內側，縱向切掉鳳梨皮。

3 重複 **2** 的動作，完美去除鳳梨皮的狀態。

4 把去芯器插進中央部分，挖除鳳梨芯。沒有去芯器的時候，就先朝縱向切成梳形切，再將中央部分切除即可。

5 挖除鳳梨芯的狀態。

6 切成符合用途的厚度。這裡進一步切成更容易使用的 6 ～ 8 等分（p.75、141 使用）。

奇異果

切法 / 透過切法，巧妙運用中央白色、周圍有黑色種籽、外圍則是綠色果肉的特殊剖面。

1 切除蒂頭。

2 果臍端的中央有偏硬的芯。刀子從邊緣薄切入刀，就可以碰觸到堅硬的芯。

3 讓刀子沿著芯環繞一圈，連同果皮一起往上拉，就可以去除掉附著在果皮上的硬芯。

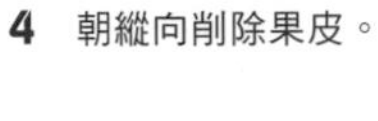

4 朝縱向削除果皮。

5 切成符合用途的片狀（p.71、73、93 使用）。

6 希望大塊使用時，縱切成對半或切成 4 等分（p.70、72、92 使用）。

水果的加熱

果醬

水果經過加工之後，就能創造出不同於生吃的美味。加工的魅力在於，可以提高食品的保存性，同時又能長時間享受季節性的美味。就加工品來說，最普遍的是用砂糖熬煮水果，利用果膠作用進行膠化的果醬（jam）。法語將其稱之為果粒果醬（confiture），這也是用柑橘類製作的柑橘醬、果凍也包含在內的總稱。

杏桃醬

杏桃的產季較短，且容易軟爛，因此，生吃的機會十分有限。將杏桃製作成果醬或糖漬水果之後，清爽的酸味和獨特的芳香會更加鮮明，是非常適合加工的水果。使用範圍也相當廣泛，是適合每年製作的果醬之一。

材料（容易製作的份量）

杏桃……（淨重）1kg
精白砂糖……400g（杏桃重量的 40%）
杏桃種籽……適量

1 杏桃縱切成對半，去除種籽。果肉進一步切成 4 等分後秤重。

2 把杏桃和精白砂糖放進碗裡，將整體混拌均勻。

3 放置 2 小時，直到杏桃釋出水分，精白砂糖融化。杏桃沒有熟的時候，需要靜置更長時間，只要蓋上保鮮膜，在冰箱裡放置一晚即可。

4 希望增添香氣的時候，可以連同杏桃種籽一起烹煮。把種籽放進茶包，烹煮後就可以輕易取出。也可以敲碎堅硬的殼，只取出裡面的杏仁。

5 把 **3** 的杏桃倒進鍋裡，開中火烹煮。預先和精白砂糖混合，讓杏桃呈現浸泡在糖水裡的狀態，就會比較容易加熱。在煮沸之前，要用耐熱鏟一邊輕刮鍋緣，一邊攪拌。

＊本書為保有水果的新鮮度，基本上精白砂糖的份量是水果量的 40%。像杏桃那種酸味強烈的水果，就算不添加檸檬汁，單靠水果本身的酸味，仍然可以實現味道的均衡。甜度偏低的果醬不適合在常溫下長時間保存，因此，即便是未開封的狀態，還是冷藏保存會比較安心。如果希望提高保存性，只要把精白砂糖增加至水果量的 60%，或添加檸檬汁（水果量的 3 ～ 5%）就可以了。

6 產生浮渣後，用湯勺仔細撈除浮渣，持續烹煮 5 分鐘。只要把湯勺壓進沸騰的小鍋裡面，就能防止沾在湯勺上面的浮渣，再次流回鍋裡。

7 進一步烹煮 5 分鐘，不再出現浮渣，整體呈現濃稠，產生光澤後關火（把果醬放進冷水，會結塊凝固的程度）。

8 裝進煮沸消毒過的保存罐裡面。裝填至瓶口 5㎜以下。如果有果醬漏斗（參考p.53），就可以避免瓶口沾到果醬，非常方便。

9 趁熱的時候，把瓶蓋稍微擰緊，稍微搖晃瓶身。接著，再稍微打開瓶蓋，就能聽到咻的一聲，代表瓶內的空氣排出。之後就馬上把瓶蓋擰緊。

10 長時間保存時，只要用鍋子把水煮沸，將裝瓶的果醬放進鍋裡，用小火加熱殺菌 10 分鐘就可以了。

瓶罐的煮沸消毒法

準備乾淨的瓶罐。用鍋子把大量的水煮沸，在卸除瓶蓋的狀態下，把瓶罐和瓶蓋放進鍋裡，用大火烹煮 5 分鐘左右。使用鉗子取出，倒扣在鋪有廚房紙巾的調理盤上晾乾。從鍋裡取出時，要先確實瀝乾水分，再晾乾，不要用抹布擦拭。

水果的加熱 果醬

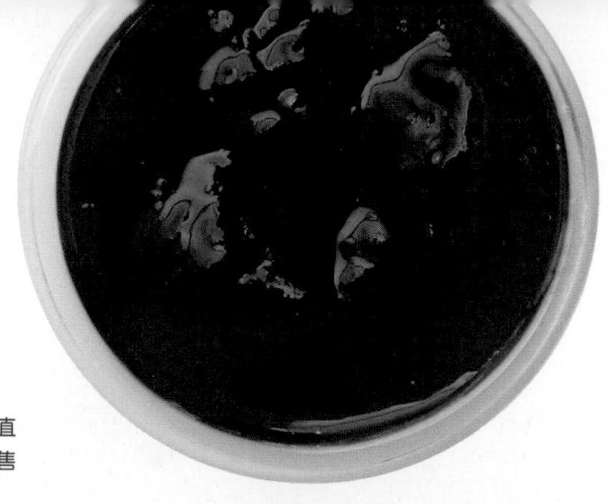

西梅李醬

因為酸甜味道恰到好處，果膠豐富，所以和杏桃一樣，建議不添加檸檬汁，直接運用水果本身的味道。相較於杏桃，日本國內的西梅李產量較多，市場銷售期間也比較長，夏天至秋天期間都可以輕鬆製作成果醬。

材料（容易製作的份量）
西梅李……（淨重）1kg
精白砂糖……400g

1 西梅李縱切入刀，切成對半，將中央的種籽取出。

2 把切成對半的果肉，進一步切成6等分。

3 把西梅李和精白砂糖放進碗裡，將整體混拌均勻。放置2小時，直到西梅李釋出水分，精白砂糖融化。

4 精白砂糖融化，融合在一起的狀態。呈現浸泡在果汁內的時候，就比較容易加熱。

5 把 **4** 的材料倒進鍋裡，開中火烹煮。

6 沸騰，產生浮渣後，用湯勺仔細撈除浮渣。

7 進一步烹煮5分鐘，不再出現浮渣，整體呈現濃稠，產生光澤之後，關火。

8 裝進煮沸消毒過的保存罐裡面。裝填至瓶口5㎜以下。如果有果醬漏斗（參考p.53），就可以避免瓶口沾到果醬，非常方便。

文旦柑橘醬

柑橘醬（marmalade）源自於葡萄牙語 marmelade，泛指柑橘類的果醬。最普遍的是柳橙柑橘醬，除了文旦以外，夏蜜柑、八朔等日本國產的柑橘類都可以加以變化製作。因為連同果皮一起使用，所以素材品質要挑選好一點的。

材料（容易製作的份量）
文旦……1 個（果肉 250g、果皮 120g）
精白砂糖……150g
檸檬汁……20mℓ
果膠※……4g
※ 使用 LM 果膠。

1 從上方，在文旦皮上面切出十字形的刀口。

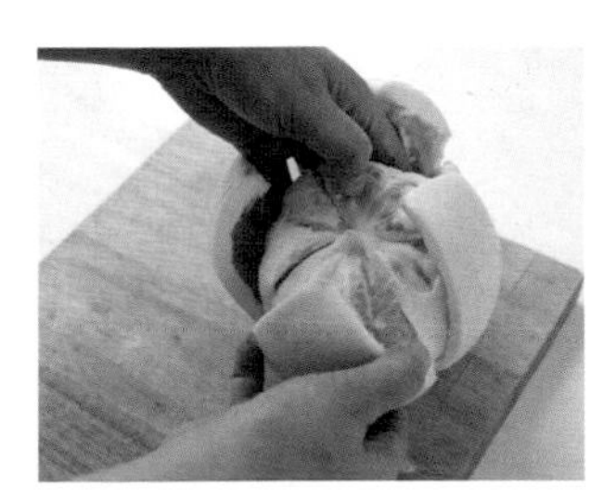

2 沿著切口，把果皮剝開。

3 將果皮切成放射狀，把白色厚膜的一半厚度削掉，然後切成 2㎜ 左右的細絲。削掉薄皮，把果肉從瓤裡面取出，剔除種籽。測量果皮和果肉的重量。

4 用鍋子把水煮沸，放入果皮，約烹煮 5 分鐘。用濾網撈起，充分將水瀝乾。

5 把文旦的果肉和果皮放進鍋裡，加入 3/4 份量的精白砂糖和檸檬汁混合攪拌。精白砂糖融化後，開中火加熱。煮沸後，撈除浮渣。

6 果膠直接倒入會結塊，所以要預先和剩餘的精白砂糖混拌在一起。

7 分次少量地把 **6** 的果膠倒進 **5** 的鍋裡。

8 烹煮 5 分鐘，不再出現浮渣，整體呈現濃稠，產生光澤後，關火。裝進煮沸消毒過的乾淨瓶罐裡面。

水果的加熱 果醬

無花果醬

酸味較少，有著優雅甜味的無花果，製作成果醬之後，更能凸顯出濃醇的味道。這裡採用的是帶皮烹煮的作法，如果將果皮剝掉，口感則會更加柔滑。顆粒般的口感也是關鍵的魅力所在。

材料（容易製作的份量）

無花果※……250g
精白砂糖……100g
檸檬汁……15mℓ
※這裡使用的是 Black Mission（加州產的黑無花果）。

製作方法

無花果切成一口大小，和精白砂糖混拌。精白砂糖融化後，放進鍋裡，開中火加熱。煮沸後，撈除浮渣。加入檸檬汁，烹煮至整體變成濃稠。

草莓醬

在各式各樣的水果果醬當中，日本國內最常吃的就是草莓醬。日本首次製作的果醬也是草莓醬，同時也是歐洲自古就深受喜歡的果醬。和生吃就十分美味、香甜的種類相比，比較建議使用酸味強烈的品種。

材料（容易製作的份量）

草莓……250g
精白砂糖……100g
檸檬汁……15mℓ
果膠※……3g
※使用 LM 果膠。

製作方法

草莓切成 4 等分，和 2/3 份量的精白砂糖混拌。精白砂糖融化後，放進鍋裡，開中火加熱。煮沸後，撈除浮渣。把果膠放進剩餘的精白砂糖裡面混合，撒進鍋裡，進一步烹煮。加入檸檬汁，烹煮至整體變成濃稠狀。

覆盆子醬

特色是顆粒口感。酸甜滋味恰到好處，除搭配麵包之外，也能應用在甜點製作方面。新鮮的覆盆子不容易購買，價格比較昂貴，所以也可以選擇冷凍品。

材料（容易製作的份量）

覆盆子（冷凍）……250g
精白砂糖……100g
檸檬汁……10mℓ

製作方法

把覆盆子和精白砂糖混拌在一起。精白砂糖融化後，放進鍋裡，開中火加熱。煮沸後，撈除浮渣。加入檸檬汁，烹煮至整體變成濃稠狀。

藍莓醬

莓果類的果醬當中，受歡迎程度僅次於草莓，同時也非常容易製作。也可以保留顆粒，享受顆粒口感的樂趣。隨時都可以輕鬆買到新鮮的種類，不過，也可以視季節情況，採用冷凍品。

材料（容易製作的份量）

藍莓……250g
精白砂糖……100g
檸檬汁……15mℓ
果膠※……3g
※ 使用 LM 果膠。

製作方法

把藍莓和 2/3 份量的精白砂糖混拌在一起。精白砂糖融化後，放進鍋裡，開中火加熱。煮沸後，撈除浮渣。把果膠放進剩餘的精白砂糖裡面混合，撒進鍋裡，進一步烹煮。加入檸檬汁，烹煮至整體變成濃稠狀。

水果的加熱 果醬

Soldam 果醬

酸甜滋味恰到好處，鮮紅色果肉令人印象深刻的 Soldam。製成果醬也能凸顯出鮮豔的顏色和味道。Soldam 以外的李子也可以用相同的方式製作。

材料（容易製作的份量）

Soldam……（淨重）250g
精白砂糖……100g
檸檬汁……15mℓ

製作方法

Soldam 去除種籽，切成一口大小，和精白砂糖混拌。精白砂糖融化後，放進鍋裡，開中火加熱。煮沸後，撈除浮渣。加入檸檬汁，烹煮至整體變成濃稠狀。

芒果醬

生吃就十分受歡迎的芒果，就算製作成果醬，仍可充分享受到豐富的風味和奢華的味道。這裡使用的是新鮮的芒果，不過，使用冷凍品也可以。

材料（容易製作的份量）

芒果……（淨重）250g
精白砂糖……100g
檸檬汁……15mℓ

製作方法

芒果切成一口大小，和精白砂糖混拌。精白砂糖融化後，放進鍋裡，開中火加熱。煮沸後，撈除浮渣。加入檸檬汁，烹煮至整體變成濃稠狀。

●芒果醬也十分推薦和醬汁或芥末等調味料混合搭配。若是搭配調味料，就用手持攪拌器攪拌成泥狀。

果醬 + 改變食材！

藍莓醬＋奶油起司

材料（容易製作的份量）
藍莓醬（參考 p.31）…… 50g
奶油起司…… 100g
製作方法
藍莓醬：奶油起司＝以 1：2 的比例混合。

● 光是把奶油起司和果醬混合在一起，就能品嚐到宛如非烘焙起司蛋糕的味道。可當成三明治的餡料使用。與其平均地混拌整體，不如粗略混拌，更能夠品嚐到奶油起司和果醬的各自味道。

藍莓＆奶油起司

杏桃醬＋白豆沙

材料（容易製作的份量）
杏桃醬（參考 p.26～27）…… 50g
白豆沙…… 100g
製作方法
杏桃醬：白豆沙＝以 1：2 的比例混合。

● 日式甜點也經常使用杏桃，和白豆沙相當契合。只要在日式的水果三明治上使用，就可以品嚐到懷舊的新鮮美味。除了豆沙之外，也可以搭配無花果或柑橘醬。

杏桃豆沙

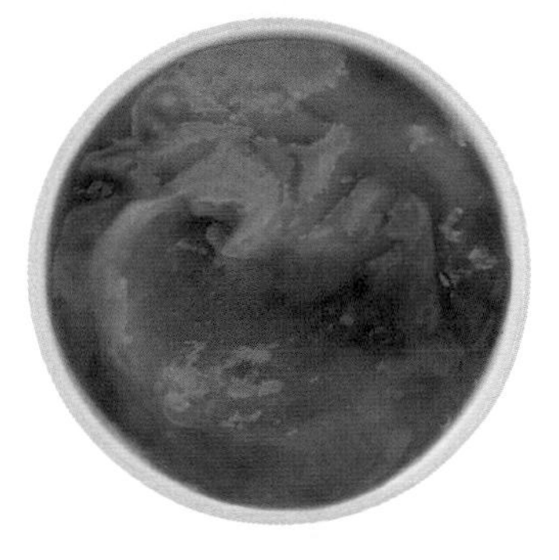

芒果醬＋第戎芥末

材料（容易製作的份量）
芒果醬（參考 p.32）…… 50g
第戎芥末…… 50g
製作方法
芒果醬：第戎芥末＝以 1：1 的比例混合。

● 芒果的豐富香氣和濃醇的味道，和調味料組合搭配之後，也能充分發揮其個性。和第戎芥末組合搭配之後，出乎意料地美味！豐富的味道也很適合搭配肉類食材。

芒果芥末

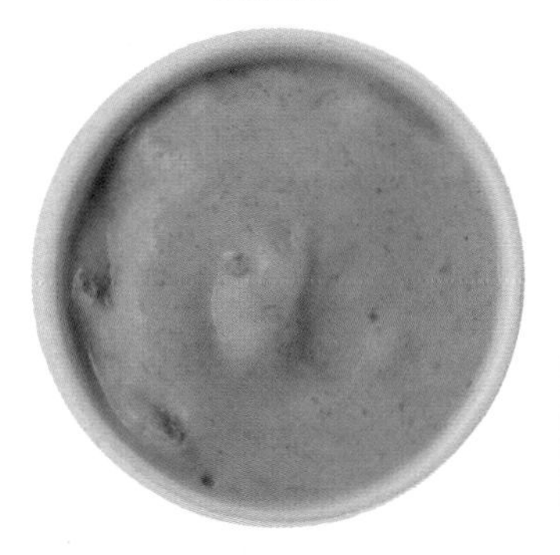

芒果醬＋伍斯特醬

材料（容易製作的份量）
芒果醬（參考 p.32）…… 50g
伍斯特醬…… 100g
製作方法
芒果醬：伍斯特醬＝以 1：2 的比例混合。

● 芒果的酸甜滋味和伍斯特醬非常契合，層次很有深度。伍斯特醬本身的果香味會變得更加濃郁。也非常推薦搭配三明治使用。

芒果沾醬

水果的加熱 糖漬水果

所謂的糖漬水果（compote）就是糖煮水果，用水或紅酒、砂糖和香辛料熬煮水果，就能提高保存性。甜度比果醬低，同時也能品嚐到水果的新鮮風味與口感。用果乾製作時，只要先用水泡軟再烹煮就可以了。

糖漬美國櫻桃

相較於日本國產的櫻桃，美國櫻桃的果肉比較硬，顆粒較大且甜味濃醇，非常適合加工。只要利用櫻桃白蘭地彌補香氣，再用檸檬汁增添酸味，就能製作出完美均衡的味道。

材料（容易製作的份量）

美國櫻桃……（淨重）300g
精白砂糖……150g
檸檬汁……15mℓ
櫻桃白蘭地……15mℓ

1 利用去籽器（參考 p.53）去除美國櫻桃的種籽，測量重量。

2 把水 120mℓ（份量外）和精白砂糖放進鍋裡，開中火加熱，將砂糖煮融。

3 把 **1** 的櫻桃倒進 **2** 的鍋裡，開中火加熱。

4 出現浮渣後，仔細撈掉浮渣，一邊用小火烹煮 5 分鐘。

5 加入櫻桃白蘭地和檸檬汁，再次煮沸。關火，裝進乾淨的保存罐裡面。放涼後，放進冰箱保存。

糖漬黃金桃

和白桃相比，黃金桃的果肉比較結實，所以更適合加熱。雖說也可以用罐頭代替，不過，還是手工製作的新鮮感比較特別。香氣絕佳的糖漿也可以用來製作甜點。

材料（容易製作的份量）
黃金桃（切半後，剔除種籽）……2 個
精白砂糖……300g
白葡萄酒……50mℓ
檸檬汁……30mℓ
蜂蜜……20g
香草莢……1/2 支

1　把精白砂糖、蜂蜜、水 600mℓ（份量外）、白葡萄酒、用小刀刮下的香草種籽，連同豆莢一起放進鍋裡，開火加熱。

2　煮沸後，放進黃金桃，把火關小，煮 5 分鐘。出現浮渣後，撈掉浮渣。

3　把黃金桃上下翻面，用廚房紙巾當成落蓋，進一步烹煮 2 分鐘。

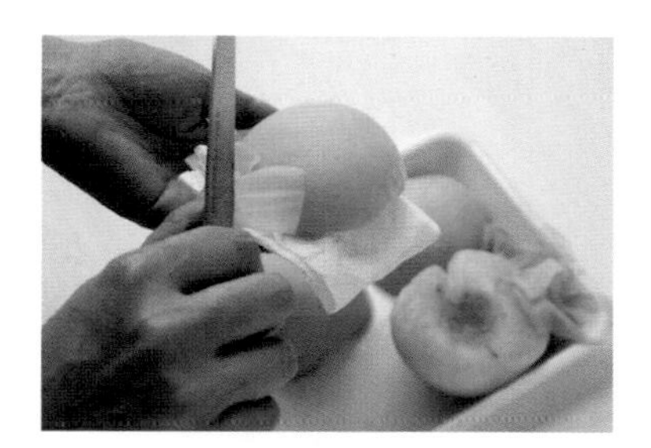

4　取出黃金桃，放在調理盤上，用小刀剝除果皮。加熱之後，只要稍微拉扯，就可以將果皮完整剝除。

5　把黃金桃放回鍋裡，加入檸檬汁，再次煮沸。裝進乾淨的保存罐裡面。放涼後，放進冰箱保存。

水果的加熱 糖漬水果

糖漬無花果

無花果製作成糖漬之後，鮮嫩多汁和豐富的甜味會變得更加鮮明。除了紅酒之外，如果再添加肉桂或八角等香辛料，香氣就會更加濃郁。熟的無花果容易煮爛，所以建議採用果肉堅硬、結實的種類製作。

材料（容易製作的份量）

無花果※…… 300g
精白砂糖…… 150g
紅酒…… 150mℓ
蜂蜜…… 20g
檸檬汁…… 15mℓ
肉桂…… 1支
※這裡使用的是Black Mission（加州產的黑無花果）。

1 無花果切掉硬梗。

2 用牙籤在無花果的各處刺出幾個洞。這樣一來，糖漿就能更容易滲入。

3 把精白砂糖、紅酒、水100mℓ（份量外）、檸檬汁、肉桂放進鍋裡，開中火加熱，將精白砂糖煮融。煮沸後，倒入蜂蜜。

4 把**2**的無花果放進鍋裡，開中火加熱。煮沸，出現浮渣後，撈掉浮渣。把火調小，再煮5分鐘。

5 無花果膨脹，煮好之後，關火。裝進乾淨的保存罐裡面。放涼後，放進冰箱保存。

水果罐頭

水果罐頭就是糖煮水果。只要把它當成市售的糖漬水果，就能應用在更多的地方。在不容易買到新鮮水果的時期，或不容易親手製作糖漬水果的時候，就可以試著使用水果罐頭。

黃金桃罐頭（切半）

鮮豔的橘色令人印象深刻，非常適合用來當成配色的重點裝飾。切成對半的種類，只要改變切片的方法，就能增加更多的用途。柔軟的口感非常適合搭配吐司，用途十分廣泛的罐頭。

杏桃罐頭（切半）

和黃金桃相同，鮮豔的橘色同樣令人印象深刻。小顆且軟嫩，可以少量使用的部分是其最大的魅力。不論是西式或日式甜點都非常容易使用。

白桃罐頭（切半）

罐頭裡面比較高級的品種，味道比黃金桃更軟嫩、細膩。新鮮白桃的缺點是容易變色，但只要經過糖漬，就不需要擔心變色的問題。建議搭配酸味強烈的覆盆子果醬。

夏蜜柑罐頭

柑橘類的水果必須花時間剝皮，但如果是罐頭的話，就可以直接使用果肉。夏蜜柑的罐頭帶有甜中帶酸味或微苦的成熟味道。清爽的口感也非常新鮮。

櫻桃罐頭

帶梗、帶種籽的原始形狀，非常令人印象深刻。味道溫和、微甜，雖然無法當成主要的水果使用，卻非常適合當成配色的重點。

黑櫻桃罐頭

去籽、食用方便、甜味和酸味恰到好處的豐富味道。有著特別的深紅色，也可以應用於甜點裝飾，用途十分廣泛。

西洋梨罐頭（切半）

優雅的甜味和軟嫩的口感，非常容易入口，同時又可享受西洋梨特有的芳香。非常適合搭配杏仁，也可以切片後，用來製作水果三明治或抹醬麵包。

鳳梨罐頭（切片）

可品嚐到鳳梨原始的香甜、酸味。有甜度沒那麼甜的微甜和甜味濃醇的重甜口味，使用於水果三明治的時候，只要選擇微甜的就可以了。

水果的加熱 糖漬水果

糖煮澀皮栗子

花時間去殼是最大的難關。只要照著下面的步驟做，就不會失敗，非常適合在栗子盛產的時期製作。雖說這是日式甜點的手法，不過，西式甜點也可以應用，非常適合搭配麵包。可以奢侈地使用整顆，也可以切成碎粒使用。享受鬆軟的香甜滋味。

材料（容易製作的份量）
栗子（剝殼）…… 850g
精白砂糖 …… 700g
小蘇打粉 …… 1 大匙

1 栗子帶殼放進熱水裡面浸泡 30 分鐘後，剝除外側的硬殼。

2 為避免弄傷澀皮（內側的薄皮），先在外殼上面切出刀痕，再用小刀往外撕開，就會比較容易剝開。

3 把剝除外殼的栗子放進鍋裡，倒入冒頭程度的水量。加入 1 小匙的 1/3 大匙小蘇打粉，開火加熱。

4 煮沸後，改用略小的中火，烹煮 10 分鐘後，用濾網撈起來，稍微清洗。

5 用牙籤把澀皮的粗筋或堅硬部分剔除。之後，重複 2 次 **3**、**4** 的動作。

6　把栗子和冒頭程度的水量倒進鍋裡。倒入一半份量的精白砂糖，開火加熱。

7　煮沸後，把火關小，煮 10 分鐘。

8　只要浮渣出現，就把浮渣仔細撈掉。

9　倒入剩餘的精白砂糖，持續烹煮。

10　加上落蓋，再煮 10 分鐘。檢查一下硬度，如果還是太硬就再持續烹煮。

11　裝進乾淨的保存罐裡面。放涼後，放進冰箱保存。

搭配水果的 基本奶油醬

基本奶油醬 1

香緹鮮奶油（crème Chantilly）

在鮮奶油裡面加入砂糖，再進一步打發的奶油醬，是水果三明治的基本奶油醬。據說香緹的名稱是法國香緹市的主廚所命名的。乳脂肪較低的鮮奶油容易變稀，所以建議採用乳脂肪含量40%以上的種類。如果是要馬上吃，或是希望享受輕盈味道的時候，則可以使用含量35%左右的種類。

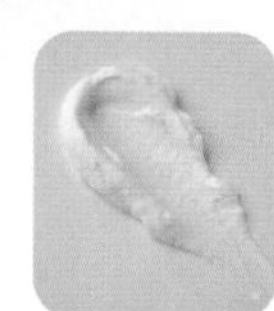

材料（容易製作的份量）

鮮奶油（這裡使用的是乳脂肪含量42%）…… 200mℓ

精白砂糖※…… 16g

※ 本書採用的精白砂糖的基本份量是鮮奶油的8%。清爽的味道不會太甜，更容易和麵包、水果搭配。

1 把剛從冰箱內取出的鮮奶油放進調理盆，倒入精白砂糖。將調理盆重疊在添加了冰水的調理盆上面，一邊冷卻，一邊打發。

2 用打蛋器打發。確實、均勻地混拌整體，同時使精白砂糖確實融化。

3 打發過度會變稀，所以質地變柔軟後，要用打蛋器撈起來確認狀態（硬度）。照片是8分發的狀態。手持攪拌器會讓質地瞬間變硬，所以要多加注意。

4 撈起時，尖角挺立、有彈性和光澤的狀態是9分發。接下來，如果再繼續打發，就會開始油水分離。三明治要使用時，最好打發至最後極限的程度。

基本奶油醬 **2**

馬斯卡彭起司&鮮奶油

基本的香緹鮮奶油加上馬斯卡彭起司，就成了非常適合搭配麵包的鮮奶油。馬斯卡彭起司的甜味，使用蜂蜜進行調味。蜂蜜的濃郁甜味和隱約的酸味，可以誘出馬斯卡彭起司的味道。先把鮮奶油打發至 8 分發，再加上馬斯卡彭起司吧！雖然先混合再進行打發，會比較容易打發，但很快就會變稀。

材料（容易製作的份量）
鮮奶油（這裡使用的是乳脂肪含量 42%）…… 200mℓ
精白砂糖…… 16g
馬斯卡彭起司 ※…… 200g
蜂蜜…… 16g

※ 馬斯卡彭起司是義大利的新鮮起司。酸味較少且柔滑，所以經常被應用在甜點。使用於水果三明治時，不建議使用義大利產的，溫和的日本國產馬斯卡彭起司會比較適合，

1 把蜂蜜混進馬斯卡彭起司裡面。

2 把精白砂糖放進鮮奶油裡面，打發至 8 分發（參考 p.40 步驟 **3** 的製作方法），加入 1/3 份量的 **1**，充分混拌。

3 加入剩餘的 **1**，將整體充分混拌。

基本奶油醬 **3**

卡士達醬

法語是 crème Pâtissière。直譯的意思就是「甜點師奶油醬」。正如其名，這是甜點製作所不可欠缺的奶油醬。誕生自日本的奶油麵包就是採用了大量的卡士達醬。從奶油麵包大受歡迎的程度就可知道，麵包和卡士達醬的搭配真的是絕配。

材料（容易製作的份量）

蛋黃…… 3 個
牛乳…… 250mℓ
精白砂糖…… 60g
低筋麵粉…… 30g
無鹽奶油…… 25g
香草豆莢…… 1/3 支

2 把低筋麵粉過篩到 **1** 的調理盆。

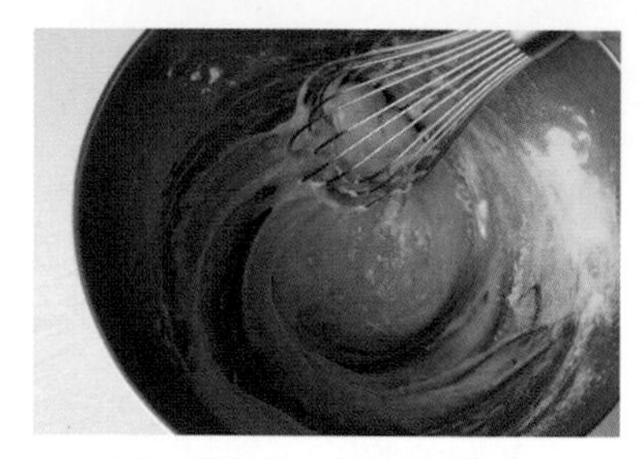

3 混拌 **2** 的材料，盡量避免搓磨。

1 把蛋黃放進調理盆，加入精白砂糖，馬上用打蛋器搓揉混拌。如果不快點混拌，精白砂糖的顆粒會吸入蛋黃的水分，就會有顆粒殘留，需要多加注意。

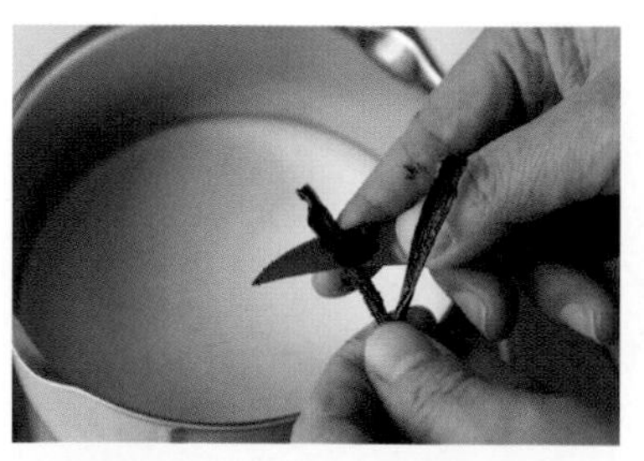

4 把牛乳和香草豆莢放進鍋裡。香草豆莢縱切，用小刀把種籽刮出來，連同豆莢一起放進鍋裡。加熱至幾乎快沸騰的程度。

5 把 **4** 倒進 **3** 的調理盆，快速混拌。

6 把網格較細的濾網（或是錐形篩）放在鍋子上面，過濾 **5**。去除香草豆莢、雞蛋的繫帶等，做出柔滑的口感。

7 開中火加熱，用打蛋器一邊混拌，一邊加熱。產生濃稠感後，鍋底容易焦黑，所以要持續不斷地混拌。中途可以把鍋子從火爐上移開，充分地混拌。

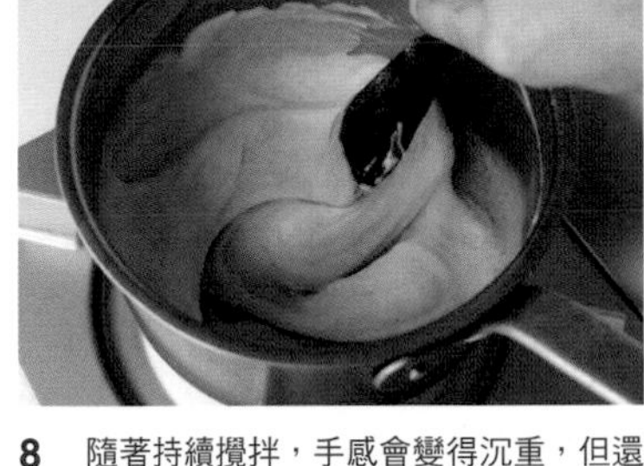

8 隨著持續攪拌，手感會變得沉重，但還是必須持續不斷地攪拌，沸騰後，持續加熱2～3分鐘。柔滑感增加後，關火。

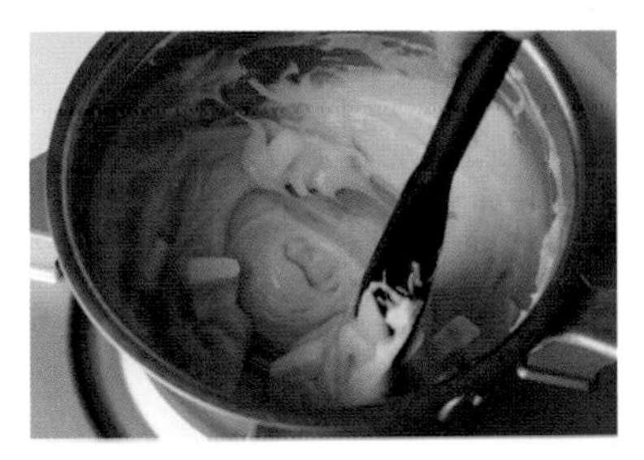

9 加入無鹽奶油，用耐熱鏟快速攪拌，讓奶油融化。

10 把完成的卡士達醬放進調理盆或調理盤。蓋上保鮮膜，讓盆底接觸冰水，進行急速冷卻。變涼後，放進冰箱。

卡士達醬的創意變化

檸檬雞蛋奶油醬

用柑橘類製作的水果雞蛋奶油醬（fruit curd）之一，把果汁、雞蛋、砂糖和奶油加熱，製作成乳霜狀的抹醬。因為使用的是雞蛋，所以就把它當成卡士達醬的另類創意。
除了檸檬之外，也可以用柳橙或日本國產的柑橘類製作。鮮明的酸味和甜味相得益彰，味道柔滑且濃郁。只要多放一點奶油，就能製作出濃醇的味道。也可以依個人喜好，把下列的材料份量加倍。

材料（容易製作的份量）
檸檬汁（榨汁後過濾）⋯⋯ 100mℓ
檸檬皮⋯⋯ 1 個份
雞蛋⋯⋯ 2 個
精白砂糖⋯⋯ 100g
無鹽奶油⋯⋯ 50g

＊只要使用耐熱玻璃盆，隔水加熱時的受熱程度會比較溫和，就能減少失敗率。

1 檸檬清洗乾淨，擦乾水分後，用刨絲刀（參考 p.53）只把黃色的部分刨成細末。

2 把雞蛋的繫帶去除，放進調理盆倒入檸檬汁和 **1**，混拌後加入精白砂糖。

3 加入精白砂糖後，馬上充分拌勻。如果不快點混拌，精白砂糖的顆粒會吸入蛋黃的水分，就會有顆粒殘留，需要多加注意。

4 用鍋子把水煮沸，用隔水加熱的方式，把 **3** 加熱。加熱時要一邊用打蛋器持續攪拌，避免雞蛋凝固。

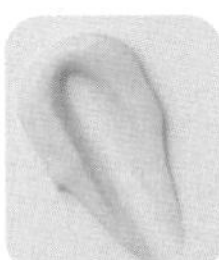

5 加入切成一口大小的無鹽奶油。

6 在無鹽奶油融化的同時，一邊用打蛋器攪拌，讓整體乳化。

7 用小火一邊加熱，一邊持續攪拌。

8 一邊用耐熱鏟攪拌，一邊隔水加熱，直到整體呈現濃稠、透明的乳霜狀。

9 用細網格的濾網或錐形篩過濾。這麼做可以讓成品更加柔滑，不過，略過這個步驟也沒關係。

10 裝進經過煮沸消毒，晾乾後的乾淨保存瓶。

牛乳類奶油醬的創意變化

瑞可塔奶油醬

瑞可塔起司是義大利的新鮮起司，把製造起司時所產生的乳清（Whey）重新加熱，進一步凝固而成。低脂且清爽的味道裡面，可以感受到牛乳的甜味。除了用蜂蜜添加甜味之外，只要再加點鹽巴，就能讓味道更紮實，與麵包的味道更加契合。再用黑胡椒提味，就成了成熟風味的奶油醬。

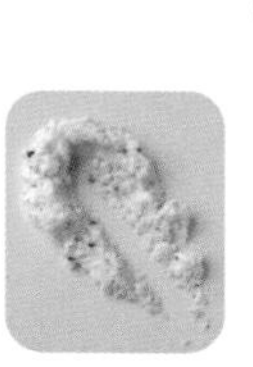

材料（容易製作的份量）
瑞可塔起司…… 100g
蜂蜜…… 16g
鹽巴…… 1 小撮
黑胡椒（粗粒）…… 少許

製作方法
把蜂蜜、鹽巴、黑胡椒放進瑞可塔起司裡面，充分混拌。

馬斯卡彭芝麻奶油醬

只需要把馬斯卡彭起司、蜂蜜和芝麻粉（白）混合在一起就可以了。微甜的馬斯卡彭起司和芝麻的香氣非常契合，有種懷舊的新鮮味道。可廣泛應用在水果三明治或抹醬麵包。尤其特別推薦搭配無花果、杏桃、柿子。

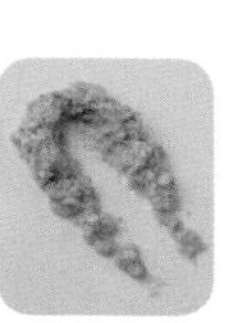

材料（容易製作的份量）
馬斯卡彭起司…… 100g
芝麻粉（白）…… 15g
蜂蜜…… 10g

製作方法
把芝麻粉和蜂蜜放進馬斯卡彭起司裡面，充分混拌。

焦糖堅果奶油起司

焦糖化的堅果香氣和濃郁的奶油起司非常對味。奶油起司的淡淡鹹味，讓堅果的香氣和甜味更加鮮明。奶油起司的鮮明質地，不光是軟式麵包，同時也非常適合搭配硬式麵包。

材料（容易製作的份量）

奶油起司……100g
焦糖堅果（參考 p.19）……50g
鹽巴……1 小撮

製作方法

把切成碎粒的焦糖堅果和鹽巴放進奶油起司裡面，充分混拌。

白巧克力風味的葡萄乾奶油

用鮮奶油把葡萄乾奶油的美味，以及白巧克力的甜味完整包覆，同時增加柔滑口感。直接塗抹在麵包上面，就成了優質的甜點。只要用蘭姆酒漬葡萄乾製作，就會是穩重的成熟風味。也可以試著用無花果乾、杏桃乾等，依個人喜愛的果乾增添一些變化。

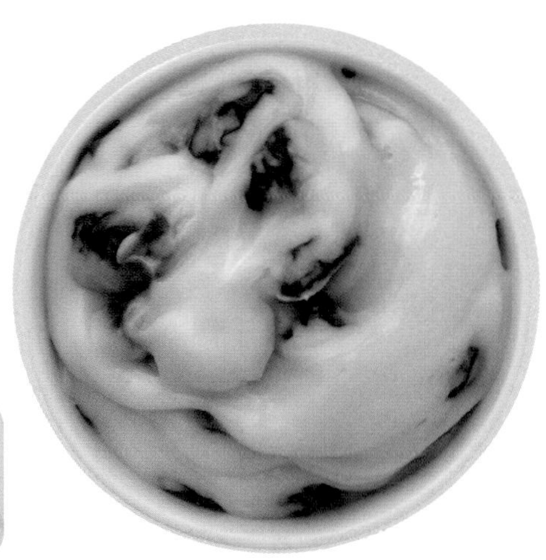

材料（容易製作的份量）

白巧克力（隔水加熱融化）……50g
無鹽奶油（切成一口大小）……50g
鮮奶油……50mℓ
葡萄乾……40g

製作方法

葡萄乾快速汆燙後，用濾網撈起，把水分瀝乾備用。用小鍋加熱鮮奶油，加入白巧克力。進一步加入無鹽奶油，用打蛋器攪拌至整體柔滑。加入葡萄乾混拌，連同小鍋一起接觸冰水，冷卻至變冷為止。

使用堅果的奶油醬

巧克力醬

巧克力的原料可可豆是水果的種籽，因此，巧克力也算是水果的加工品。巧克力類的抹醬，只要使用優質的巧克力，就能化身為成熟的甜點。請調整鮮奶油或奶油的量，試著找出自己喜歡的味道。若是搭配多一點鮮奶油，就算剛從冰箱取出，仍然可以輕鬆塗抹在麵包上面。

材料（1 單位的份量）

苦味巧克力※（可可含量 60%以上）……100g
鮮奶油（乳脂肪含量 42%）……200mℓ
無鹽奶油……30g
蘭姆酒……1 小匙

※ 可可含量如果太少，就算冷卻也不會凝固，所以要使用可可含量較多的苦味巧克力。

1 把鮮奶油放進鍋裡，加熱至即將沸騰的程度。關火後，加入苦味巧克力，一邊攪拌，一邊讓巧克力融化。

2 加入切成小塊的無鹽奶油，用打蛋器仔細攪拌，讓它乳化。也可以使用手持攪拌器。

3 加入蘭姆酒混拌。蘭姆酒的量依照個人喜好。也可以使用白蘭地或君度橙酒等，個人喜歡的洋酒。

4 連同鍋子一起接觸冰水，用打蛋器一邊混拌降溫。產生黏稠度後，倒進保存容器，放進冰箱保存。

杏仁奶油

近年來，在美國的受歡迎程度不亞於花生奶油，同時也非常受素食主義者的喜愛。只要有攪拌機，就可以簡單製作，除了杏仁之外，也可以換成個人喜歡的堅果。添加鹽巴可以讓味道更扎實，不過，也可以依個人喜好，把砂糖換成蜂蜜，或改成無糖，全都非常美味。

材料（1 單位的份量）

杏仁（烘烤）……250g
蔗糖……25g
鹽巴……1 小撮

製作方法

把杏仁、蔗糖、鹽巴放進攪拌機裡面，攪拌至柔滑程度。照片中還有稍微保留一些顆粒感，不過，只要拉長攪拌時間，就可以變得柔滑。可依個人喜好調整。

巧克力醬 + 覆盆子醬

覆盆子巧克力醬

材料（容易製作的份量）

巧克力醬（參考 p.48）……1 單位的份量
覆盆子醬（參考 p.31）……100g

製作方法

把巧克力醬和覆盆子醬充分混拌。照片中是充分混拌的狀態，但如果只是稍微攪拌，製作出大理石般的紋理，就能更加凸顯出各自的個性，改變味道的印象。

巧克力醬 + 焦糖堅果

焦糖堅果巧克力醬

材料（容易製作的份量）

巧克力醬（參考 p.48）……1 單位的份量
焦糖堅果（參考 p.19）……50g

製作方法

把粗粒的焦糖堅果的混進巧克力醬裡面，充分混拌。焦糖堅果的粗細也可以依個人喜好，先用食物調理機粉碎，再進行混拌。

水果三明治的法則

水果與麵包的組合方法

為運用水果的個性，和麵包搭配組合，以下介紹在製作水果三明治之前，最好預先了解的組合基礎。

簡單搭配吐司和水果（製作單品水果三明治）

法則①

使用軟且濕潤的簡單吐司

基本上是使用方形吐司。因為方形吐司是加蓋烘烤，所以有濕潤的柔滑口感。
適合搭配軟嫩的水果口感，就算搭配大量份量，也能入口即化。

法則②

水果使用單品

若要直接品嚐水果和麵包，首先，就先嘗試 1 種水果，
覺得味道或口感不足的時候，就再追加食材。

法則③

搭配凸顯出水果個性的奶油醬

以馬斯卡彭起司＆鮮奶油為基底。
濃郁或香氣不夠的時候，就用卡士達醬或果醬彌補。

法則④

運用水果個性，打造美麗剖面

水果三明治的魅力來自於美麗的剖面。
有效利用水果的味道和口感，製作出一眼就能看出水果個性的剖面。
例：各種不同的草莓三明治（參考 p.56 ～ 67）

STEP
2

組合多種水果（製作綜合水果三明治）

法則⑤

運用色彩

綜合三明治只要搭配多種不同顏色的水果，就能營造出奢華的感覺。
也可以利用同色系，享受細膩色調的漸層樂趣。
例：綜合水果三明治（參考 p.68 ～ 73）

法則⑥

使味道的方向性一致

大膽搭配莓果類、熱帶水果類、柑橘類等同類的水果。
另外，搭配多種相同季節的水果，味道也比較容易協調、一致。
也可以把新鮮柳橙、柑橘醬和橙皮等，不同加工方式的相同水果混搭，
就可以一次享受同一種水果的各種味道。
例：季節的綜合三明治（參考 p.74 ～ 77）

法則⑦

把口感和味道相反的食材組合在一起

甜味強烈、口感黏膩的香蕉，用香氣十足的堅果提味，
或是進一步搭配鹹味強烈的培根等，試著搭配個性強烈的多種食材，
讓各自的味道更加鮮明。
例：香蕉、花生奶油和培根的熱壓三明治（參考 p.109）

STEP 3

把水果當成經典三明治的重點提味
（讓水果三明治更加多元）

法則⑧

當成調味料，作為重點提味

經典的組合，只要搭配少量的果乾、果醬或堅果，就能讓甜味、酸味或口感變得更好。
除直接使用之外，也建議把果醬混進芥末或沾醬裡面。就能毫無半點衝突的，進一步提升美味。
例：水果是配角　世界的三明治（參考 p. 151 ～ 167）

使用水果的

聖誕發酵甜點

歐洲有各種起源於傳統節慶的甜點或麵包。
就使用大量水果的甜點或麵包來說，就屬聖誕節的發酵甜點最有名。
這裡介紹德國、法國、義大利的代表性發酵甜點。

史多倫麵包（stollen）

德國十分普遍的聖誕節發酵甜點。麵包裡面混入了大量的果乾和堅果，以獨特的形狀烘烤而成。依使用食材的不同，而有各式各樣的變化。這是日本國內最經典的聖誕麵包。吃的時候，通常是切成薄片。

洋梨聖誕蛋糕（berawecka）

法國阿爾薩斯地區的聖誕節不可欠缺的發酵甜點。阿爾薩斯語是指西洋梨小麵包的意思，可以看到 bireweck、bierewecke 等各式各樣的點綴。正如其名，除了使用大量的西洋梨之外，同時還混合了各式各樣的果乾。相對於發酵麵團，果乾的份量相當驚人。吃的時候，切成薄片。

潘娜朵尼（panettone）

義大利米蘭的傳統發酵甜點。使用潘娜朵尼發酵種（義大利北部的傳統發酵種），在加了奶油、雞蛋、砂糖的高糖油麵團裡面，添加果乾。原本只有聖誕節才會製作，現在則是全年都可以買到。麵團柔軟且入口即化，不論是作為早餐或甜點，都非常受歡迎。吃的時候，切成個人偏愛的大小，分著吃。

水果的 道具

水果有各式各樣的切法、烹調方法，自然也就會有各不相同的專用道具。只要使用專用道具，就可以降低烹調的難度，同時還能縮短烹調時間。以下介紹本書使用的部分道具，以及讓烹調變得更加方便的小物。

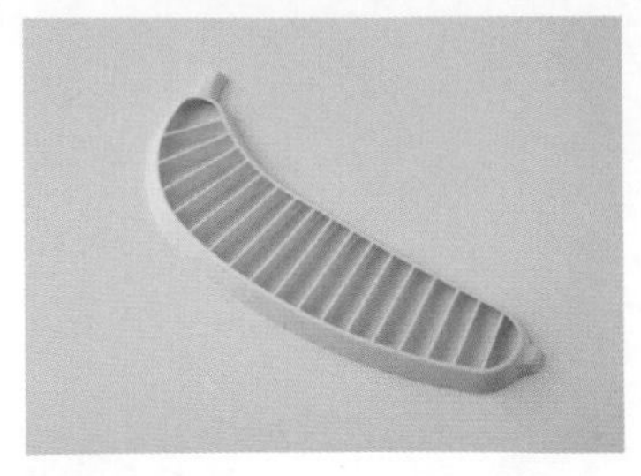

香蕉切片器

採用符合香蕉曲線的設計，只要放在去皮後的香蕉上面，往下按壓，就能切出厚度均勻的香蕉片。把切片的香蕉鋪在吐司上面，或希望使厚度一致時，建議使用。

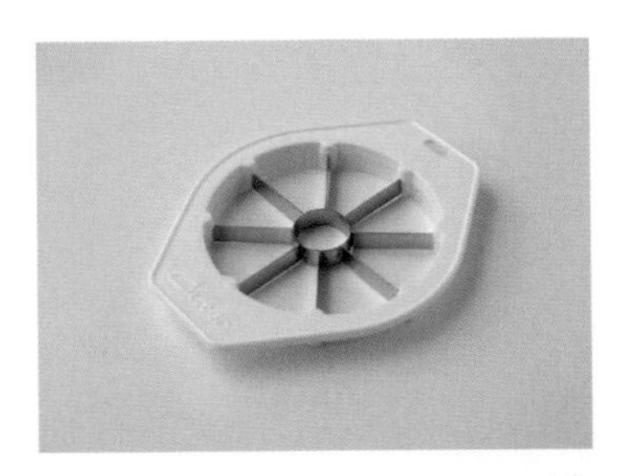

蘋果切片器

用雙手從蘋果的上方往正下方按壓，就能切出漂亮的梳形切。同時也能切除果核，所以非常適合希望大量切割的時候使用。照片中是 8 等分的類型，不過，市面上也有切成 10 等分的類型。

酪梨去核切片器

利用前方的尖端，連同果皮一起切開酪梨，再利用中央的刀刃取出種籽，最後可以利用圓形切片部分，用挖的方式，在不剝皮的情況下，把果肉切成片狀。若是喜歡酪梨的話，應該會常用。

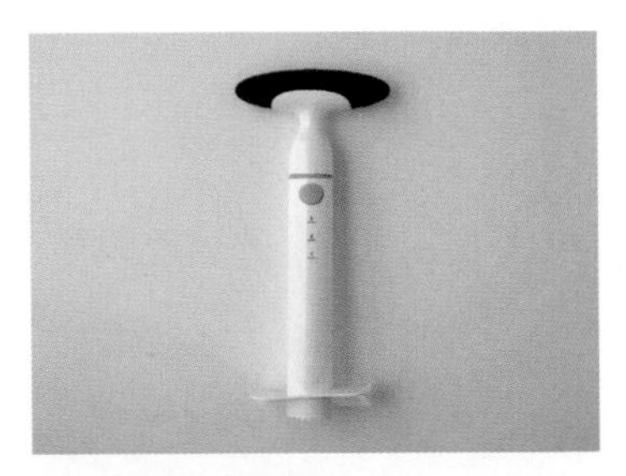

鳳梨去皮分切滾刀器

把鳳梨的上下端切掉，將去芯器插入中央，轉動把手，就可以切開果皮和鳳梨芯，同時將果肉切成片狀。不光是切片，也可以切成螺旋狀，所以可以視用途，進一步靈活運用。

去芯器

去除蘋果或西洋梨果核的時候，非常好用。確實插進果核所在的中央部位，再往外拔，就可以去除果核。小顆的鳳梨也可以使用。

水果雕花挖球器

一端是挖球器，另一端是可用來雕花或切除蒂頭的 V 形刀，水果的裝飾切割可以用它來輕鬆操作。挖球器又稱為挖果肉器。

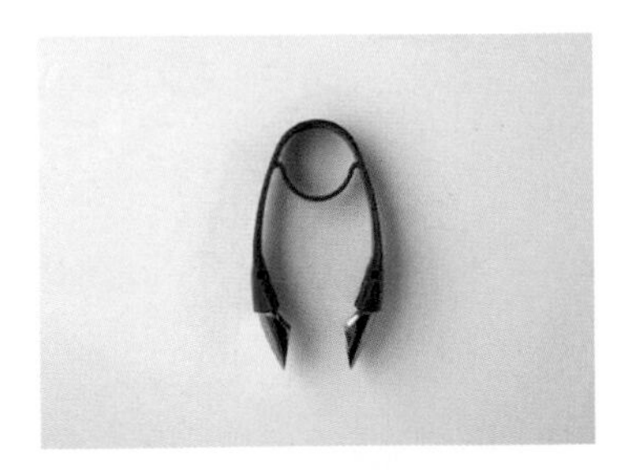

草莓去蒂器

去除草莓的蒂頭時，可以連同根部的堅硬部分一併挖除。雖然某些草莓品種應該派不上用場，不過，處理芯比較堅硬的草莓時，格外便利。

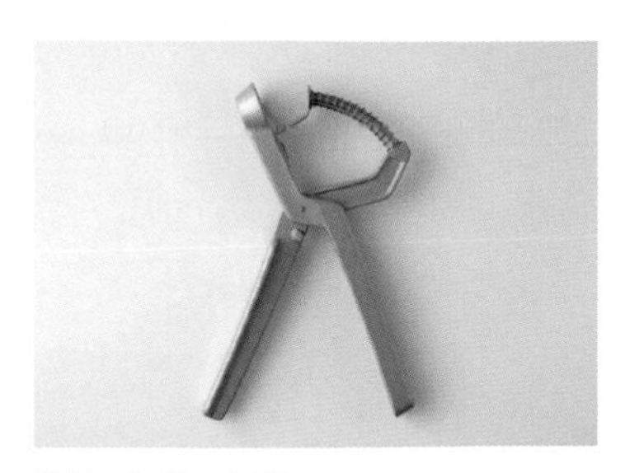

櫻桃、橄欖去籽器

專門用來去除櫻桃或橄欖籽的道具。把去除硬梗的櫻桃（或橄欖），放進圓形的凹陷部位，握緊把手，就可以去除種籽。經常製作糖漬櫻桃或果醬、三明治的時候必備。

刨皮器

刀刃鋒利，可將柑橘類的皮刨刮成細末。除了柑橘類之外，堅果、硬起司、薑、蒜頭等香味蔬菜也可以使用。使用的機會非常多，是相當便利的道具之一。

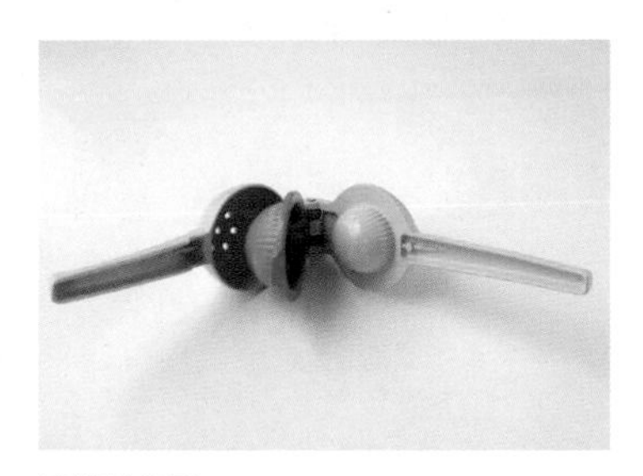

檸檬榨汁器

把對半切的檸檬嵌進圓形的部分，握緊手把，就可以榨出果汁。相較於從上方按壓榨汁的類型，這種款式比較省力，同時又能榨出更多的汁。

核桃碎殼器

把核桃放進凹陷部分，連同外殼一起夾住，再用力握緊把手，就可以將堅硬外殼壓碎。大的凹陷可以夾核桃，小的凹陷則可以用來處理銀杏或杏仁。從杏桃的種籽裡取出杏仁時，也非常的便利。

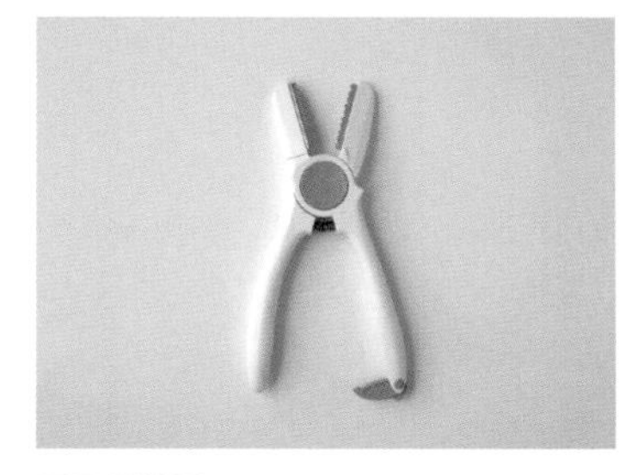

栗子剝殼器

需要花時間剝栗子皮的時候，格外方便的專用剝殼器。可以根據力道的調整，保留澀皮，僅剝除外殼，也可以連同澀皮一起剝除。剝數個之後，就能輕鬆掌握到訣竅，速度就會變得更快。建議配戴手套，會比較安全。

銅鍋

銅的導熱速度很快，所以非常適合用來製作果醬。因為鍋子受熱平均，同時又能在短時間內烹煮完成，所以可以保留水果的新鮮感，色澤也會更加鮮艷。銅氧化之後，容易產生銅綠。變色之後，只要用海綿沾上鹽和醋混合的液體，就可以輕鬆清洗乾淨。

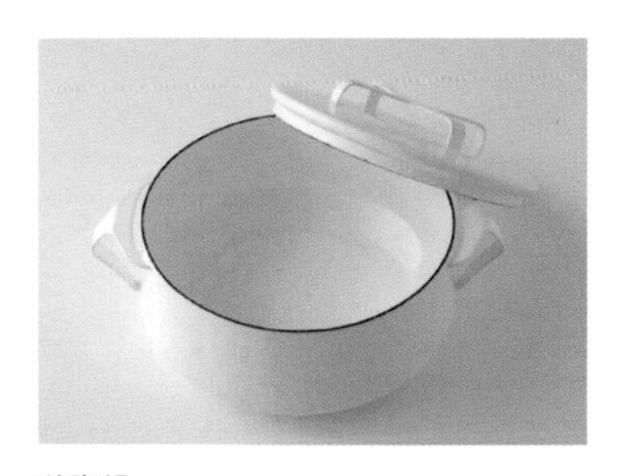

琺瑯鍋

琺瑯鍋不容易燒焦，耐酸，所以不會影響到食材的顏色和味道。味道或顏色也不會殘留，非常衛生。和銅鍋相比，也比較容易保養，因此非常建議家庭使用。

果醬漏斗

把完成的果醬裝瓶時，放在瓶口使用。漏斗口比一般的漏斗寬，所以即便是濃稠的果醬，也不容易堵塞，比較好裝填。可以趁果醬還很熱的時候，更快速地裝填，而且不會亂滴。

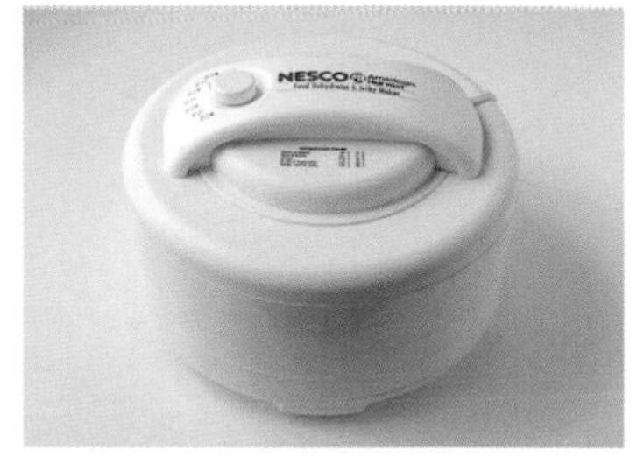

蔬果烘乾機

用熱風烘吹食材，使食材的水分揮發的食物乾燥機。自己動作製作果乾的時候使用。自然乾燥的方式會受氣溫或濕度的影響，而蔬果烘乾機可以管理溫度，製作出品質更穩定的果乾。可根據溫度或時間，調整果乾的乾燥程度，也是這個道具的魅力所在。

02

用麵包
夾起來的水果

草莓 × 吐司

圓形剖面

整顆草莓三明治

水果三明治的基礎就是整顆草莓和奶油醬的組合。酸甜滋味的草莓，非常適合吐司和奶油醬的搭配組合，草莓的「紅」和吐司與奶油醬的「白」相互輝映，演繹出「美味」的視覺饗宴。將草莓橫切，就能呈現出圓形的剖面，圓滾滾的草莓更顯可愛。

三角形剖面

整顆草莓三明治

吐司、奶油醬和草莓。完全相同的組合，就算份量相同，只要稍微改變一下排列的方式，就能瞬間改變完成之後的視覺感受。正因為是簡單的組合，才更能夠細細品味草莓本身的美味，組合的時候，稍微留意一下剖面效果吧！只要把大顆草莓縱切，就能凸顯存在感。

草莓 ╳ 吐司

圓形剖面【整顆草莓三明治的夾法】

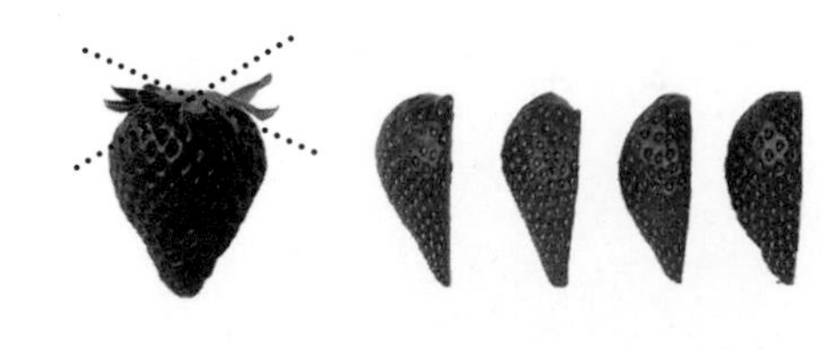

材料（1份）

方形吐司（8片切）……2片
馬斯卡彭起司 & 鮮奶油（參考p.41）
……50g（25g ＋ 25g）
草莓（佐賀穗香／L尺寸）……4顆

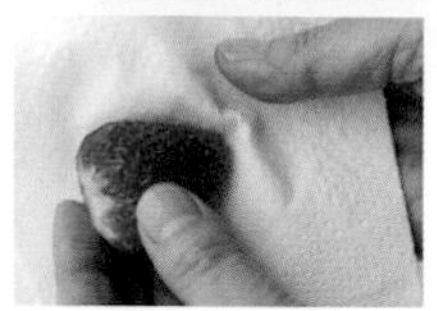

用食用酒精噴濕廚房紙巾，再將表面的髒污擦拭乾淨。

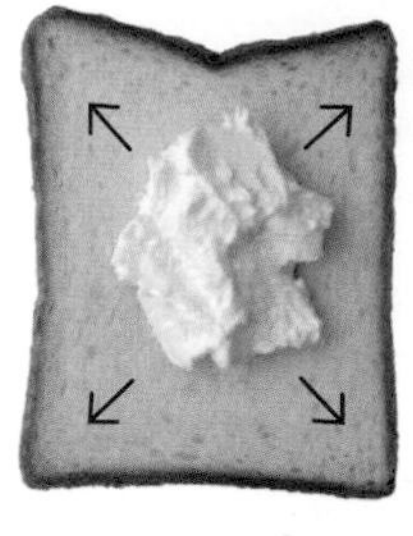

把奶油醬鋪在正中央，再往4個角落薄塗抹開。

製作方法

1. 草莓切除蒂頭。1顆朝縱向切成4等分。
2. 把25g的馬斯卡彭起司 & 鮮奶油塗抹在方形吐司的單面。先將馬斯卡彭起司 & 鮮奶油鋪在正中央，再往4個角落薄塗抹開。縫隙部分也要薄塗填滿。
3. 參考照片，把3顆草莓水平排放在**2**的中央。讓草莓的末端和蒂頭的方向相互交錯，盡量讓草莓的最大圓形部分落在切割的位置。**1**切成4等分的草莓則分別在兩側各擺放2塊。
4. 另一面方形吐司也利用與**2**相同的方式，同樣塗抹上25g的馬斯卡彭起司 & 鮮奶油，然後和**3**的底層合併。用手掌從上方輕壓，讓奶油醬和水果更加緊密。
5. 切掉吐司邊，切成對半。

組裝重點

為利用奶油醬補滿草莓和麵包之間的縫隙，先用手掌輕壓吐司整體，再進行切割吧！

若要製作出草莓的圓形剖面，就要特別留意草莓的排放方式。注意側面切割時的協調，盡量把相同尺寸的剖面排放在切割位置。草莓不要全部朝相同方向擺放，而是要以頭尾交錯的方式擺放。

三角形剖面 【整顆草莓三明治的夾法】

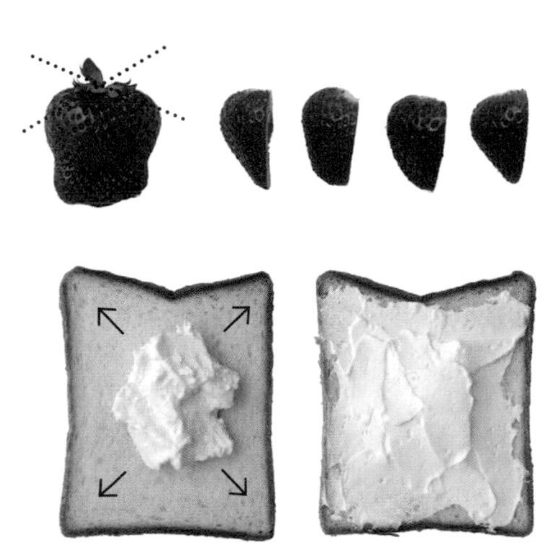

把奶油醬鋪在正中央，
再往 4 個角落薄塗抹開。

材料（1 份）
方形吐司（8 片切）……2 片
馬斯卡彭起司 & 鮮奶油（參考 p.41）
……50g（25g ＋ 25g）
草莓（甘王／L 尺寸）……4 顆

製作方法

1. 草莓切除蒂頭。1 顆朝縱向切成 4 等分。

2. 把 25g 的馬斯卡彭起司 & 鮮奶油塗抹在方形吐司的單面。先將馬斯卡彭起司 & 鮮奶油鋪在正中央，再往 4 個角落薄塗抹開。縫隙部分也要薄塗填滿。

3. 參考照片，把 3 顆草莓垂直排放在 **2** 的中央。讓切割位置落在草莓的垂直中心線。**1** 切成 4 等分的草莓則分別在兩側各擺放 2 塊。

4. 另一面方形吐司也利用與 **2** 相同的方式，同樣塗抹上 25g 的馬斯卡彭起司 & 鮮奶油，然後和 **3** 的底層合併。用手掌從上方輕壓，讓奶油醬和水果更加緊密。

5. 切掉吐司邊，切成對半。

組裝重點

縱切草莓的時候，要想辦法避免尾端的椎狀變形。比起尾端尖錐的草莓，建議使用尾端比較圓潤的品種，比較不容易失敗。

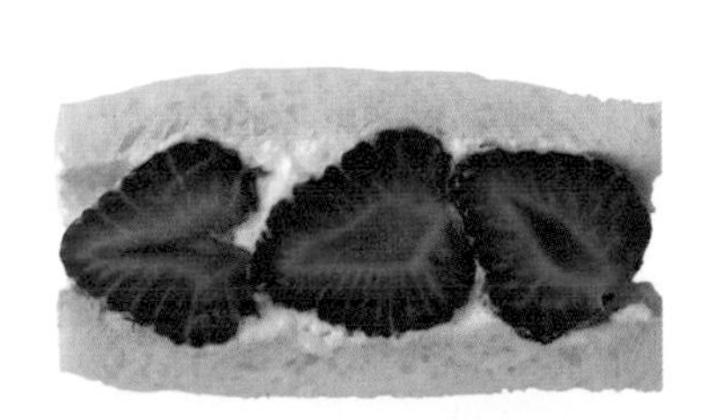

草莓 ╳ 吐司

斜線剖面

薄切草莓三明治

希望減少草莓用量，同時又希望剖面能夠令人印象深刻時，切片是個很不錯的選擇。只要有較大顆的草莓，就算只有 2 顆草莓，也能充分表現出存在感。把帶有香草味的卡士達醬和基本的奶油醬加以組合，就能創造出更高雅的甜點質感。

橫線剖面

切片草莓三明治

直接用薄切的吐司，把切片的草莓夾起來，就成了高雅的草莓三明治。因為份量不多，所以視覺感受並不會太強烈，但卻是味道十分恰到好處的組合。麵包、奶油醬和草莓融為一體，享受味道的調和。

草莓 ╳ 吐司

斜線剖面【薄切草莓三明治的夾法】

材料（1 份）

方形吐司（10 片切）……2 片
馬斯卡彭起司 & 鮮奶油（參考 p.41）……20g
卡士達醬（參考 p.42～43）……20g
草莓（甘王／L 尺寸）……2 顆

製作方法

1. 草莓切除蒂頭。朝縱向切片成 5 等分。

2. 在方形吐司的單面抹上卡士達醬，參考照片，把 **1** 的草莓排列在吐司上面。

3. 用另一片抹上馬斯卡彭起司 & 鮮奶油的吐司夾起來。用手掌從上方輕壓，讓奶油醬和水果更加緊密。

4. 切掉吐司邊，切成 3 等分。

組裝重點

把縱切成片狀的草莓，平均錯位排列。只要讓最寬的部分落在切割位置，就能讓剖面產生份量感。

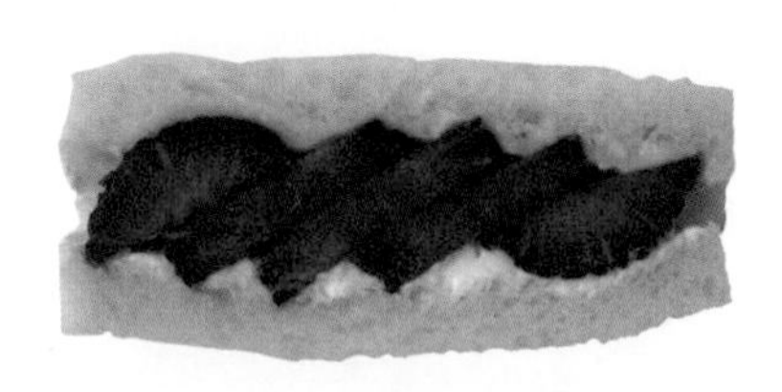

橫線剖面 【切片草莓三明治的夾法】

材料（1份）

方形吐司（8片切）……2片
馬斯卡彭起司 & 鮮奶油（參考 p.41）
……40g（20g + 20g）
草莓（栃乙女／M尺寸）……3顆

製作方法

1. 草莓切除蒂頭。切成厚度 5㎜的薄片。

2. 分別在方形吐司的單面抹上 20g 的馬斯卡彭起司 & 鮮奶油，把 **1** 的草莓排列在吐司上面，不要讓草莓重疊。用手掌從上方輕壓，讓奶油醬和水果更加緊密。

3. 切掉吐司邊，切成 3 等分。

組裝重點

只要把大尺寸的草莓切片排放在切割位置，剖面就會更漂亮。

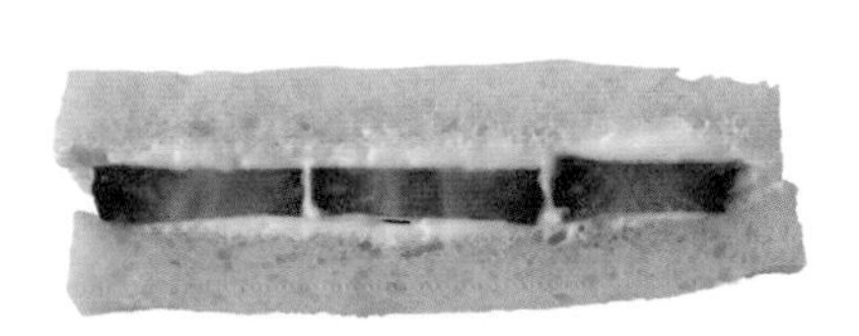

草莓 × 吐司

半圓剖面

半顆草莓三明治

希望享受草莓的鮮嫩滋味，又覺得整顆草莓不容易入口的時候，只要把草莓切成對半，再夾起來就可以了。半圓形草莓連續排列的設計感，特別令人印象深刻。再加上黃色卡士達醬和基本白色奶油醬的搭配，色調對比也格外有趣。有趣剖面和易食用性同時兼顧的部分也別具魅力。

立體剖面

切塊草莓三明治

因為主角是草莓，所以希望加上大量的草莓，營造出視覺衝擊，這個時候就可以選擇這種方式。試著夾上 6 顆大顆的草莓。只要草莓的擺放位置沒有錯誤，切法的失敗率也會降低許多，這也是推薦的重點所在。特別推薦不擅長切割的人挑戰這種三明治。

草莓 ╳ 吐司

半圓剖面【半顆草莓三明治的夾法】

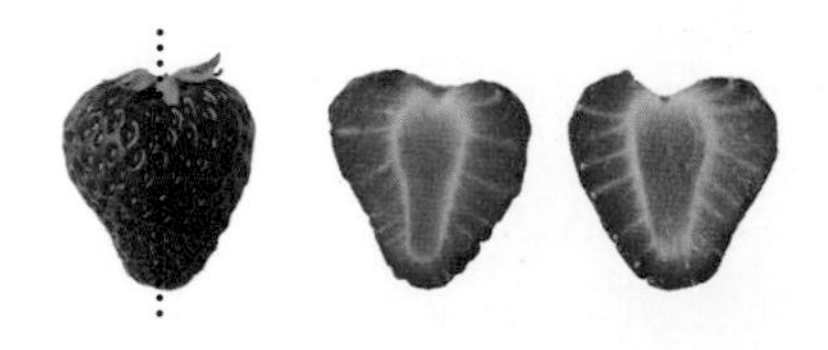

材料（1 份）

方形吐司（10 片切）……2 片
馬斯卡彭起司 & 鮮奶油（參考 p.41）……20g
卡士達醬（參考 p.42 ～ 43）……20g
草莓（紅頰／M 尺寸）……3 顆

製作方法

1. 草莓切除蒂頭。朝縱向切成對半。

2. 在方形吐司的單面抹上卡士達醬，參考照片，把 **1** 的草莓排列在吐司上面。

3. 用另一片抹上馬斯卡彭起司 & 鮮奶油的吐司夾起來。用手掌從上方輕壓，讓奶油醬和水果更加緊密。

4. 切掉吐司邊，切成 3 等分。

組裝重點

排放的時候要注意橫切時的協調性，盡量讓相同尺寸的剖面落在切割位置。不要將草莓朝相同方向排列，以頭尾交錯的方式交錯排放吧！

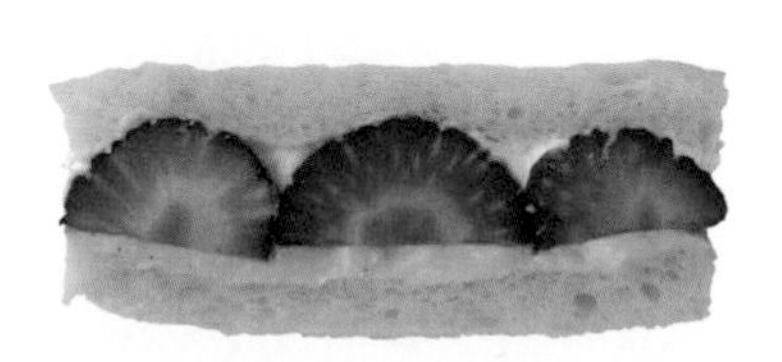

立體剖面 【切塊草莓三明治的夾法】

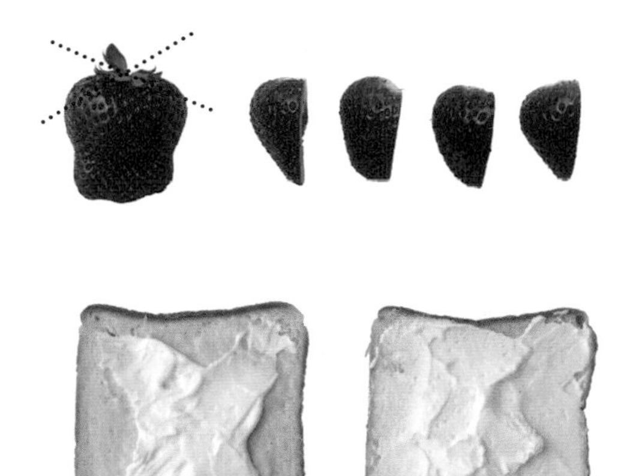

材料（1 份）

方形吐司（8 片切）……2 片
馬斯卡彭起司 & 鮮奶油（參考 p.41）
……40g（20g + 20g）
卡士達醬（參考 p.42 ～ 43）……20g
草莓（甘王／L 尺寸）……6 顆

製作方法

1. 草莓切除蒂頭。1 顆朝縱向切成 4 等分。

2. 在方形吐司的單面抹上卡士達醬，然後，分別再重疊抹上 20g 的馬斯卡彭起司 & 鮮奶油。先將馬斯卡彭起司 & 鮮奶油鋪在正中央，再往 4 個角落薄塗抹開。參考照片，把 **1** 的草莓排放在吐司上面。

3. 用另一片抹了馬斯卡彭起司 & 鮮奶油的方形吐司夾起來。用手掌從上方輕壓，讓奶油醬和水果更加緊密。

4. 切掉吐司邊，沿著對角線，切成 4 等分。

組裝重點

把最大顆的草莓放在正中央，並且讓尾端部分朝外。

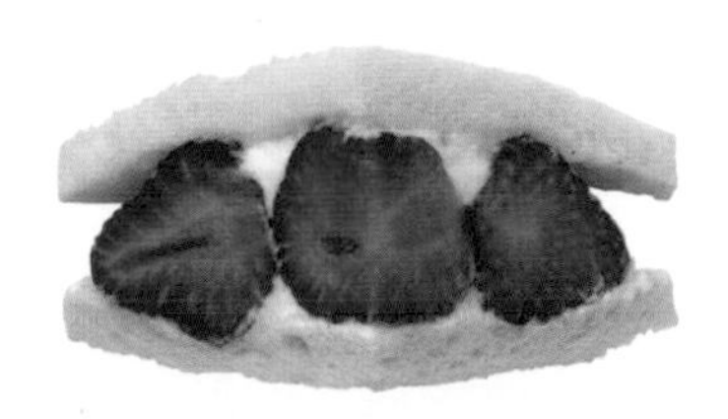

綜合水果 × 吐司

大膽切割

切塊綜合水果三明治

草莓的紅、奇異果的綠、黃金桃的黃，以及香蕉的奶油色。4 種鮮豔色彩令人印象深刻的綜合水果三明治，光是看到切割的剖面，就讓人歡聲四起。正因為大膽的運用水果，才能創造出如此獨特的剖面，同時也能逐一品嚐各種水果的不同美味。

優雅切片

時尚綜合水果三明治

就算是相同的水果組合，只要改變切法和夾法，就能瞬間改變形象。將水果切片後再夾起來，就能營造出更容易吃的優雅風格。另外，雙層重疊，還能同時品嚐到多種水果，充分感受到綜合水果般的風味。

綜合水果 ╳ 吐司

大膽切割【切塊綜合水果三明治的夾法】

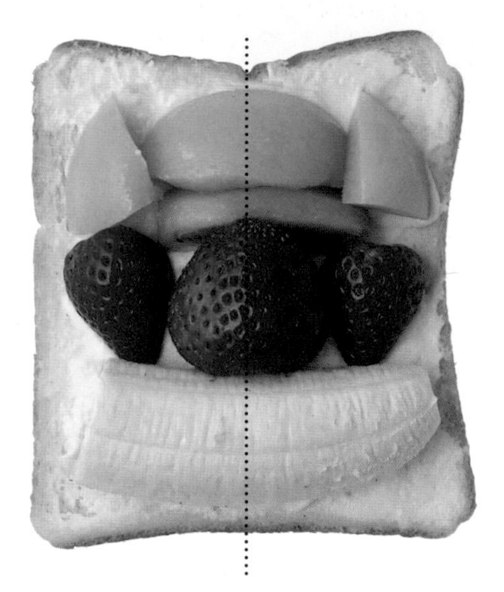

材料（1 份）

方形吐司（8 片切）……2 片
馬斯卡彭起司 & 鮮奶油（參考 p.41）……45g（20g ＋ 25g）
卡士達醬（參考 p.42 ～ 43）……20g
草莓……2 顆
黃金桃罐頭（切半）……1 塊
奇異果（縱切成 4 塊 / 參考 p.25 的切法 6）……1/4 個
香蕉……1/2 條

製作方法

1. 切水果。1 顆草莓縱切成對半。黃金桃（罐頭）切成對半，另一半再進一步切成對半。

2. 在方形吐司的單面抹上卡士達醬。進一步重疊抹上 20g 的馬斯卡彭起司 & 鮮奶油。

3. 參考照片，把水果排列在 **2** 的吐司上面。

4. 把 25g 的馬斯卡彭起司 & 鮮奶油塗抹在另一片吐司，和 **3** 的吐司合併。用手掌從上方輕壓，讓奶油醬和水果更加緊密。

5. 切掉吐司邊，切成對半。

組裝重點

組裝綜合水果三明治時，最重要的是採用能夠凸顯出每種水果顏色的排列方法。試著找出最佳的排列組合吧！

優雅切片 【時尚綜合水果三明治的夾法】

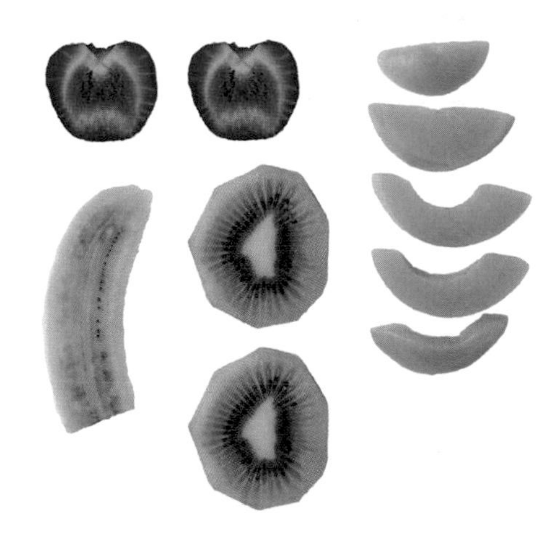

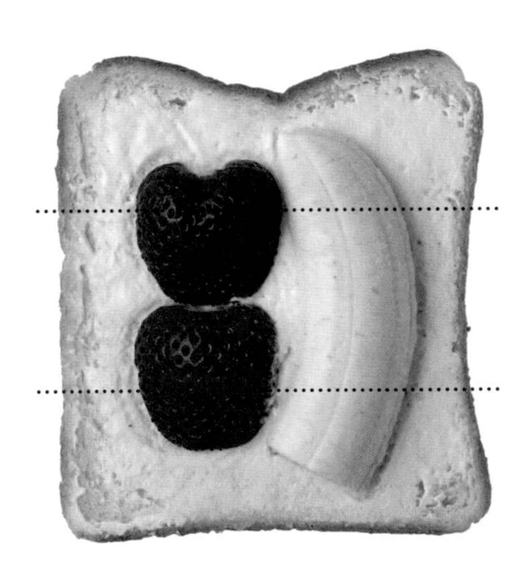

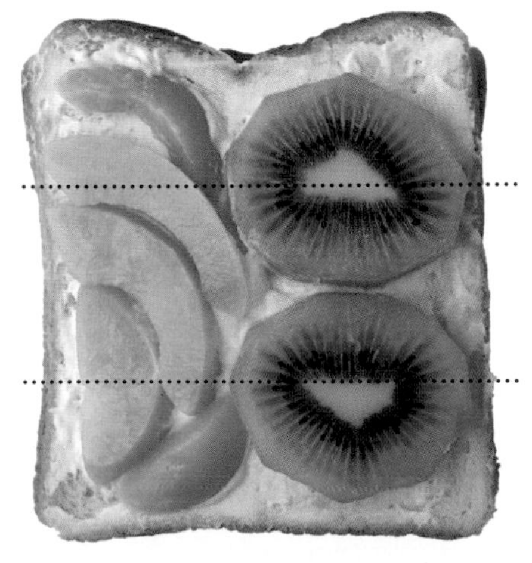

材料（1 份）

方形吐司（10 片切）……3 片
馬斯卡彭起司 & 鮮奶油（參考 p.41）
……80g（20g×4）
草莓……1 顆
黃金桃罐頭（切半）……1 塊
奇異果（參考 p.25 的切法 5）
……厚度 8㎜的切片 2 片
香蕉……1/4 條

製作方法

1. 切水果。草莓縱切成對半。黃金桃（罐頭）切成厚度 8㎜的切片。

2. 在方形吐司的單面抹上 20g 的馬斯卡彭起司 & 鮮奶油。

3. 參考照片，放上草莓和香蕉，用同樣抹上 20g 馬斯卡彭起司 & 鮮奶油的方形吐司夾起來。

4. 在 **3** 的吐司上面抹上 20g 的馬斯卡彭起司 & 鮮奶油，放上黃金桃（罐頭）和奇異果，用抹上 20g 馬斯卡彭起司 & 鮮奶油的吐司夾起來。用手掌從上方輕壓，讓奶油醬和水果更加緊密。

5. 切掉吐司邊，切成 3 等分。

組裝重點

水果切片的厚度只要一致，剖面就會更漂亮。草莓和香蕉的尺寸太大時，不要切成對半，就切成和奇異果、黃金桃相同的厚度吧！

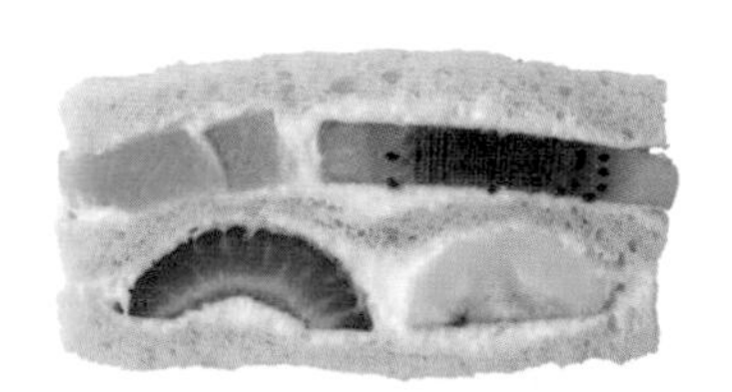

綜合水果 ╳ 吐司

立體剖面的切塊綜合水果三明治

利用對角線切成小三角形的三明治，在裝盤的時候，立體感會格外鮮明。由於位於正中央的食材最為醒目，所以就從綜合水果中選出最適合作為主角的種類吧！不知道該怎麼挑選時，就選大顆的草莓吧！就算只有 1 顆草莓，還是能令人印象深刻。

材料（1 份）

方形吐司（8 片切）……2 片
卡士達醬（參考 p.42 ～ 43）
……30g
馬斯卡彭起司 & 鮮奶油（參考 p.41）
……30g（25g ＋ 5g）
草莓……1 顆
黃金桃罐頭（切半）……1/2 塊
奇異果（縱切成 4 塊）……1/4 個
香蕉……1/3 條

製作方法

1. 在方形吐司的單面抹上卡士達醬，放上水果。把草莓放在正中央之後，參考照片，把切成對半的黃金桃（罐頭），放在對角線上面，另一側則分別放上奇異果和香蕉。

2. 把 5g 的馬斯卡彭起司 & 鮮奶油擠在草莓和奇異果、草莓和香蕉之間。

3. 把 25g 的馬斯卡彭起司 & 鮮奶油塗抹在另一片方形吐司，和 **2** 的吐司合併。用手掌從上方輕壓，讓奶油醬和水果更加緊密。

4. 切掉吐司邊，再沿著對角線切成 4 等分。

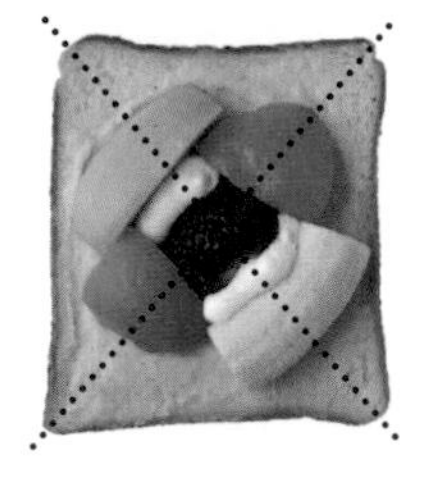

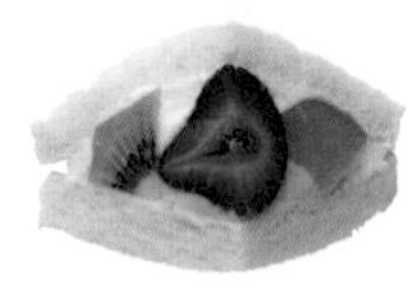

斜線剖面的綜合水果三明治

薄吐司搭配適量的水果，就能製作出美感與美味兼具的出色三明治。美麗剖面的重點在於水果切片的一致厚度。可直接品嚐到各種水果的不同個性。

材料（1份）

方形吐司（10片切）……4片
馬斯卡彭起司 & 鮮奶油（參考 p.41）
……80g（10g×8）
草莓……2顆
黃金桃罐頭（切半）……1/2塊
奇異果（半月切片／參考 p.25 的切法 5）
……1/4個
芭蕉……1條

製作方法

1. 水果切成厚度5㎜的切片。
2. 方形吐司預先切掉吐司邊，然後再對半切。在單面各抹上10g的馬斯卡彭起司 & 鮮奶油，分別夾上1種水果。
3. 縱切成對半。

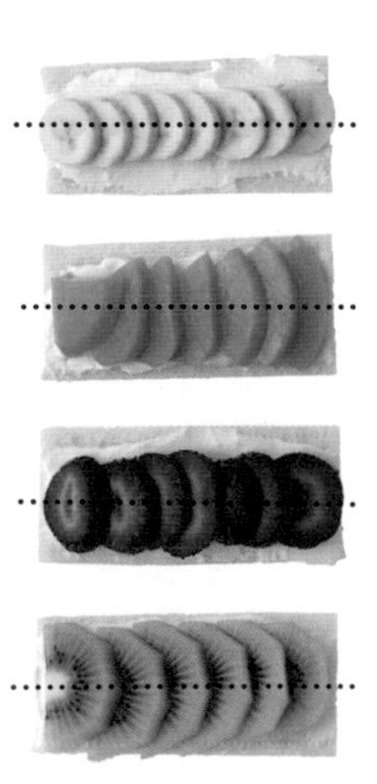

換成季節水果 ╳ 吐司

莓果綜合三明治

以草莓為主，共搭配 3 種莓果的迷人三明治。帶有隱約酸味的裸麥麵包，和酸甜滋味的莓果組合搭配，格外新鮮。味道清爽。與褐色麵包的色調組合也十分惹人矚目。

材料（1 份）

裸麥吐司（12 片切）……3 片
馬斯卡彭起司 & 鮮奶油（參考 p.41）
……80g（20g×4）
草莓……4 顆
覆盆子……4 粒
藍莓……8 粒

製作方法

1. 在裸麥吐司的單面抹上 20g 的馬斯卡彭起司 & 鮮奶油。參考照片，放上縱切成對半的草莓。排列時要注意切割的位置。同樣的，在裸麥吐司的單面抹上 20g 的馬斯卡彭起司 & 鮮奶油，然後夾起來，從上方用手輕壓，使奶油醬緊密貼附在吐司上面。

2. 把 20g 的馬斯卡彭起司 & 鮮奶油塗抹在 **1** 的吐司上面，參考照片，放上藍莓和覆盆子。用另一面抹上 20g 馬斯卡彭起司 & 鮮奶油的裸麥吐司夾起來。用手掌從上方輕壓，讓奶油醬緊密貼附吐司。

3. 切掉吐司邊，切成 3 等分。

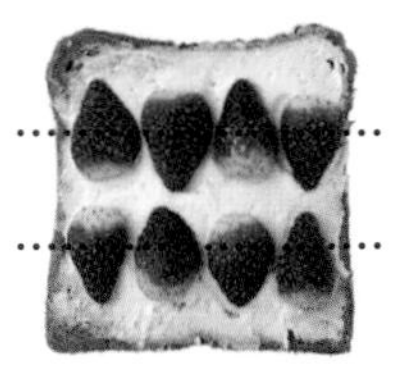

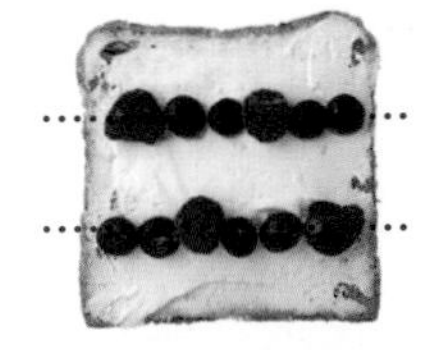

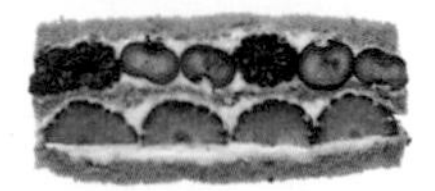

熱帶綜合水果三明治

芒果、鳳梨和香蕉，用細蔗糖、蘭姆酒和薄荷浸漬，製作成與眾不同的成熟風味。宛如莫希托（古巴高球雞尾酒）般的香氣別出心裁。適合在炎炎夏日，讓成年人消暑一番的水果三明治。

材料（1 份）

方形吐司（8 片切）……2 片
馬斯卡彭起司 & 鮮奶油（參考 p.41）
……40g（20g ＋ 20g）
芒果（參考 p.23 的切法 6）
……厚度 8㎜ 的切片 3 片（60g）
鳳梨（參考 p.25 的切法 6）
……銀杏切 4 片（40g）
香蕉……將 1/2 條縱切成厚度 8㎜ 的切片 2 片（40g）
細蔗糖……2 小匙
蘭姆酒……2 小匙
薄荷……適量

＊細蔗糖是甘蔗 100％的法國產黑糖。有香草香氣，甜味濃郁。如果沒有，可用蔗糖代替。

製作方法

1. 把水果放進調理盤，撒上細蔗糖和蘭姆酒。加入切絲的薄荷，將整體混拌後，靜置 15 分鐘。

2. 分別在方形吐司的單面抹上 20g 的馬斯卡彭起司 & 鮮奶油，把 **1** 的水果夾起來。從上方用手輕壓，使水果和奶油醬緊密貼附。

3. 切掉吐司邊，切成 3 等分。最後再撒上切成細絲的薄荷。

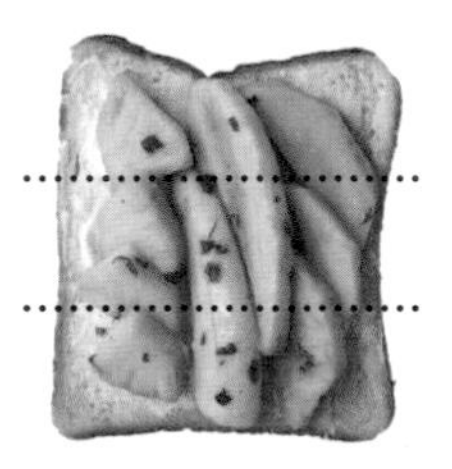

堅果 & 綜合水果 ╳ 吐司

栗子&水果綜合三明治

糖煮澀皮栗子、晴王麝香葡萄和柿子。奢侈搭配秋季水果的堅果&水果綜合三明治，利用芝麻風味的馬斯卡彭起司勾勒出日式味道。非常適合搭配牛蒡茶。

材料（1份）

方形吐司（8片切）……2片
馬斯卡彭芝麻奶油醬（參考 p.46）
……25g
馬斯卡彭起司 & 鮮奶油（參考 p.41）
……25g
糖煮澀皮栗子……1個
柿子（參考 p.24 切法 4）
……銀杏切 5 片（45g）
晴王麝香葡萄……3顆
芝麻粉（白）……少許

製作方法

1. 把 5 片柿子中的 1 片切成 4 等分。3 顆晴王麝香葡萄中的 1 顆切成對半。

2. 在方形吐司的單面抹上馬斯卡彭芝麻奶油醬，將糖煮澀皮栗子放在吐司的正中央。參考照片，在對角線上，糖煮澀皮栗子的兩側分別放上 2 片柿子，另一條對角線則分別放上 1 顆半的晴王麝香葡萄。把 **1** 切成 4 等分的柿子放在縫隙之間。

3. 把馬斯卡彭起司 & 鮮奶油塗抹在另一片方形吐司上面，和 **2** 的吐司合併。用手掌從上方輕壓，讓奶油醬和水果緊密貼合。

4. 切掉吐司邊，沿著對角線切成 4 等分。完成後，撒上芝麻粉。

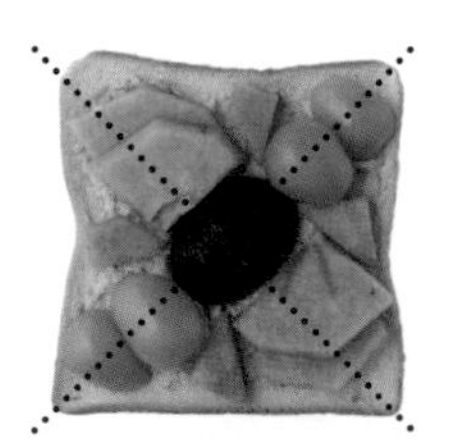

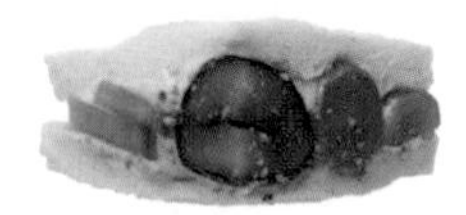

堅果&果乾綜合三明治

以添加大量焦糖堅果的奶油起司為主，再搭配上奶油和杏桃醬。甜味和酸味的強烈對比，再搭配上堅果口感與微苦，有點成熟的大人風味。麵包稍微烤過，就能讓堅果的香氣更加鮮明。

材料（1份）

全麥吐司（8片切）……2片
無鹽奶油……4g
杏桃醬（參考 p.26～27）……25g
焦糖堅果奶油起司（參考 p.47）
……85g

製作方法

1. 全麥吐司稍微烤一下。
2. 把焦糖堅果奶油起司抹在 **1** 的單面。另一片的單面抹上無鹽奶油後，重疊塗抹上杏桃醬，將2片吐司合併。
3. 切掉吐司邊，切成3等分。

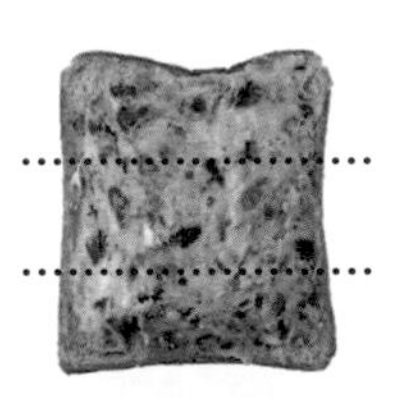

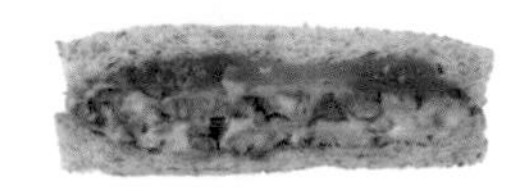

櫻桃 × 吐司

優雅的甜味和纖細的味道是日本國產櫻桃的特徵。關鍵是卡士達醬的用量要多一點，可以增添豐富的甜味，進一步提升櫻桃的風味。櫻桃的配置十分重要，才能製作出完全符合櫻桃的剖面。盡可能選擇大顆粒的品種尤佳。

切塊櫻桃三明治

材料（1份）

方形吐司（8片切）……2片
卡士達醬（參考 p.42～43）……30g
馬斯卡彭起司 & 鮮奶油（參考 p.41）……20g
櫻桃※……11顆
開心果（Super Green）……2g

※ 使用紅秀峰。也可以使用佐藤錦。

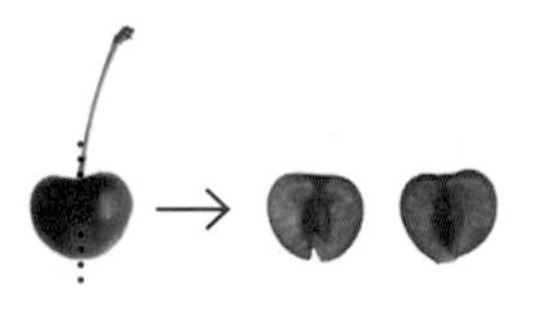

製作方法

1. 用去籽器（參考 p.53）去除櫻桃的種籽。2顆櫻桃進一步切成對半。

2. 在方形吐司的單面抹上卡士達醬，參考照片，把 **1** 的櫻桃排在吐司上面。在方形吐司的對角線上，放上9顆櫻桃，切成對半的櫻桃則擺放在縫隙之間。

3. 在另一片方形吐司的單面抹上馬斯卡彭起司 & 鮮奶油，和 **2** 的吐司合併。

4. 切掉吐司邊，沿著對角線切成4等分。

5. 完成後，撒上切成碎粒的開心果。

櫻桃去籽後，垂直方向會有空洞，所以要讓空洞的方向和三明治的切割方向呈現垂直（切割時可以看到中央的種籽空洞）。

美國櫻桃 ╳ 吐司

顏色、甜味全都非常濃郁的美國櫻桃，連內部都是鮮紅色，剖面的形象令人印象深刻。卡士達醬搭配開心果醬和櫻桃酒，製作出濃郁味道不輸美國櫻桃的成熟風味。只要和櫻桃相比，就可以實際感受到味道因品種不同而契合的奶油醬。

切塊美國櫻桃三明治

材料（1份）

方形吐司（8片切）……2片
開心果 & 卡士達醬※……30g
馬斯卡彭起司 & 鮮奶油（參考 p.41）……30g
美國櫻桃……11顆
開心果（Super Green）……2g

※ 開心果 & 卡士達醬（容易製作的份量）
把卡士達醬（參考 p.42～43）100g、開心果醬（市售品）10g、櫻桃酒 5g 混合在一起。

製作方法

1. 用去籽器（參考 p.53）去除美國櫻桃的種籽。2顆美國櫻桃進一步切成對半。
2. 在方形吐司的單面抹上開心果 & 卡士達醬，參考照片，把 1 的美國櫻桃放在吐司上面。在方形吐司的對角線上，放上9顆美國櫻桃，切成對半的美國櫻桃則擺放在縫隙之間。
3. 在另一片方形吐司的單面抹上馬斯卡彭起司 & 鮮奶油，和 2 的吐司合併。
4. 切掉吐司邊，沿著對角線切成4等分。
5. 完成後，撒上切成碎粒的開心果。

除了使用去籽器去籽之外，也可以把筷子的頭部（粗的那端）筆直插進蒂頭的凹陷部分，同樣也能去除種籽。

櫻桃 ╳ 牛奶麵包

改變麵包！

櫻桃牛奶麵包三明治

含有大量牛奶、甜味溫和的牛奶麵包，和櫻桃的纖細香味十分速配。重點是簡單搭配香緹鮮奶油。如此就能引誘出櫻桃溫和且高雅的味道。

材料（3 個）

牛奶麵包（圓形）……3 個（30g ／個）
香緹鮮奶油（參考 p.40）……90g
櫻桃※……6 顆
開心果（Super Green）……2g

※ 使用紅秀峰。也可以使用佐藤錦。

製作方法

1. 用去籽器（參考 p.53）去除櫻桃的種籽。切成對半。
2. 牛奶麵包從側面斜切出切口。
3. 把香緹鮮奶油放進裝有圓形花嘴的擠花袋，擠進 **2** 的牛奶麵包裡面，再將 **1** 的櫻桃夾進麵包。外側放 3 顆，讓人可以一眼看到櫻桃，內側則放上 1 顆。
4. 完成後，撒上切成碎粒的開心果。

使用大量牛奶的甜味麵包。小巧的圓形，非常容易食用。不需要花時間切割，製作簡單。

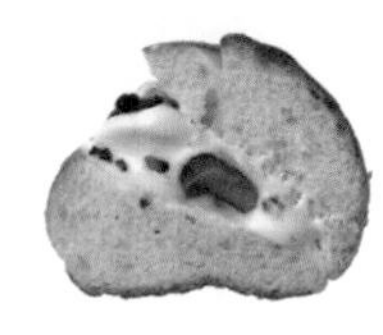

美國櫻桃布里歐三明治

含有大量雞蛋和奶油的布里歐麵包，絕對不輸給味道濃郁的美國櫻桃。就算只有少量，仍然存在感十足，光是搭配添加了馬斯卡彭起司的鮮奶油，就能製作出優質的甜點風味。

材料（3 個）

布里歐麵包（30㎜切片）……1 片
馬斯卡彭起司 & 鮮奶油（參考 p.41）……50g
美國櫻桃……3 顆
開心果（Super Green）……2g

製作方法

1. 用去籽器（參考 p.53）去除美國櫻桃的種籽。切成對半。
2. 布里歐麵包縱切成半，切割面朝上，在沒有完全切斷的情況下，切出切口。
3. 把馬斯卡彭起司 & 鮮奶油放進裝有圓形花嘴的擠花袋，分別將一半的份量擠進 **2** 的切口，再將 **1** 的美國櫻桃擺在上方。
4. 完成後，撒上切成碎粒的開心果。

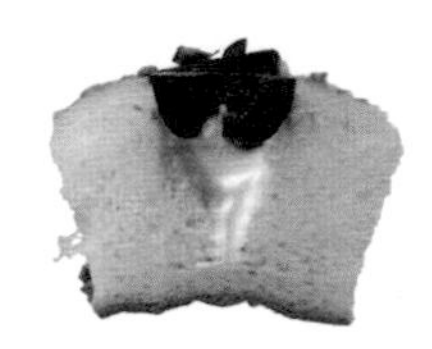

較難做出剖面的小顆水果，可以先切好再放，就能避免失敗。

甜瓜 ╳ 吐司

如果希望品嚐甜瓜本身的味道，就以大量的甜瓜為主角，再補上奶香，風味就十分足夠。若是要減少甜瓜的用量，只要利用卡士達醬彌補濃郁口感，就能製作出甜瓜蛋糕般的味道。可以直接品嚐到香味十足且水嫩的甜瓜甘甜，奢華感十足的水果三明治。

切片甜瓜三明治

材料（1份）

方形吐司（8片切）……2片
馬斯卡彭起司 & 鮮奶油（參考 p.41）
……50g（25g ＋ 25g）
甜瓜（切片／參考 p.22 切法 8）※
……160g

※ 這裡使用 Earl's 品種的甜瓜，不過，也可以使用紅肉哈密瓜。

製作方法

1. 在方形吐司的單面抹上 25g 的馬斯卡彭起司 & 鮮奶油。
2. 參考照片，把甜瓜排列在 **1** 的吐司上面。
3. 在另一片方形吐司的單面抹上 25g 的馬斯卡彭起司 & 鮮奶油，和 **2** 的吐司合併。
4. 切掉吐司邊，切成 3 等分。

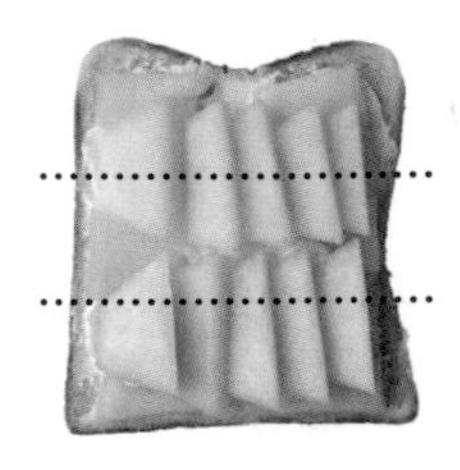

切片的甜瓜要注意切割的位置，錯位排列成 2 排。把甜瓜的邊緣部位擺放在空隙處。

材料（1份）

方形吐司（8片切）……2片
卡士達醬（參考 p.42～43）……25g
馬斯卡彭起司＆鮮奶油（參考 p.41）
……40g（15g＋25g）
甜瓜（梳形切3片切半※／
參考 p.22 切法9）……120g

※這裡使用 Earl's 品種的甜瓜，不過，也可以使用紅肉哈密瓜。

製作方法

1. 在方形吐司的單面抹上卡士達醬，然後進一步重疊抹上 15g 的馬斯卡彭起司＆鮮奶油。
2. 參考照片，把甜瓜排列在 1 的吐司上面。
3. 在另一片方形吐司的單面抹上 25g 的馬斯卡彭起司＆鮮奶油，和 2 的吐司合併。
4. 切掉吐司邊，切成對半。

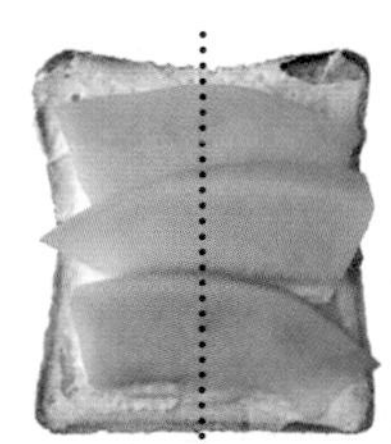

把梳形切的甜瓜切成對半後，一邊的厚度較薄，另一邊較厚。如果朝相同方向排放，甜瓜的份量會分布不均，所以要以厚薄交錯的方式擺放。

桃子 ╳ 吐司

香甜多汁的桃子，非常適合優雅微甜且口感軟綿的柔軟吐司。再搭配大量的卡士達醬，就能進一步凸顯出桃子的溫柔味道。就算是相同份量，仍可藉由切法或排法，瞬間改變成品形象。一上桌就讓人想馬上大快朵頤，卓越奢華的水果三明治。

半月切桃子三明治

材料（1份）

方形吐司（10片切）……2片

卡士達醬（參考p.42～43）
……25g

馬斯卡彭起司＆鮮奶油（參考p.41）
……30g

白桃（參考p.20切法7）
……1/4個（70g）

製作方法

1. 在方形吐司的單面抹上卡士達醬。
2. 白桃切成4片，參考照片，排列在1的吐司上面。
3. 在另一片方形吐司的單面抹上馬斯卡彭起司＆鮮奶油，和2的吐司合併。
4. 切掉吐司邊，切成3等分。

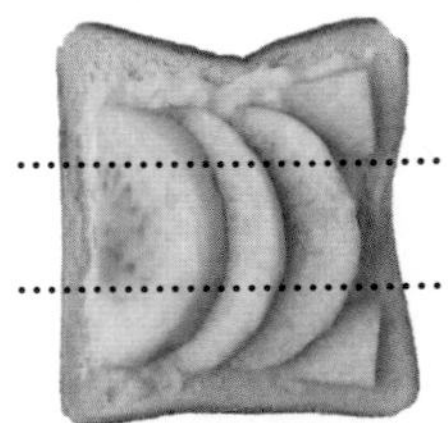

半月切片的白桃錯位排放之後，邊緣的上下就會產生縫隙。空隙就利用桃子兩端最小的切片補滿。

銀杏切桃子三明治

材料（1份）

方形吐司（10片切）……2片

卡士達醬（參考p.42～43）……25g

馬斯卡彭起司＆鮮奶油（參考p.41）……30g

白桃（銀杏切／參考p.20切法9）……1/4個（70g）

製作方法

1. 在方形吐司的單面抹上卡士達醬。

2. 參考照片，把白桃排列在**1**的吐司上面。

3. 在另一片方形吐司的單面抹上馬斯卡彭起司＆鮮奶油，和**2**的吐司合併。

4. 切掉吐司邊，切成3等分。

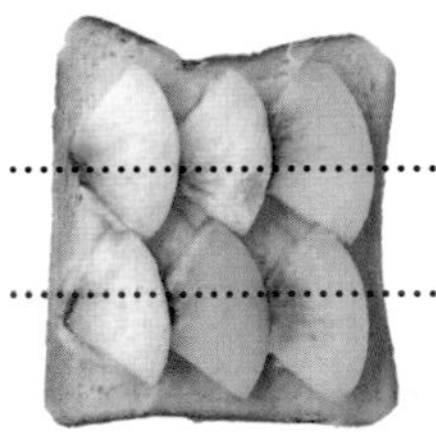

只要讓白桃中央靠近種籽的紅色部分落在切割的剖面位置，就能展現出美麗的色調。注意切割的位置，配置紅色部分吧！

桃子 ╳ 吐司

夾上大塊水果的三明治，給人十分強烈的視覺衝擊，同時也非常受歡迎。但是，就味道的均衡來說，切片的方式比較能夠使味道一致。這裡試著用相同份量的桃子製作三明治。一種是直接對半切，另一種是再進一步切塊。即便是完全相同的份量，還是要實際製作、品嚐過，才能夠有真正的新發現。

切半桃子三明治

材料（1份）

方形吐司（8片切）……2片

卡士達醤（參考 p.42～43）……25g

馬斯卡彭起司 & 鮮奶油（參考 p.41）……40g

白桃（參考 p.20 切法 6）……1/2 個（140g）

製作方法

1. 在方形吐司的單面抹上卡士達醤。

2. 把白桃放在 **1** 的吐司中央。

3. 在另一片方形吐司的單面抹上馬斯卡彭起司 & 鮮奶油，和 **2** 的吐司合併。

4. 切掉吐司邊，切成對半。

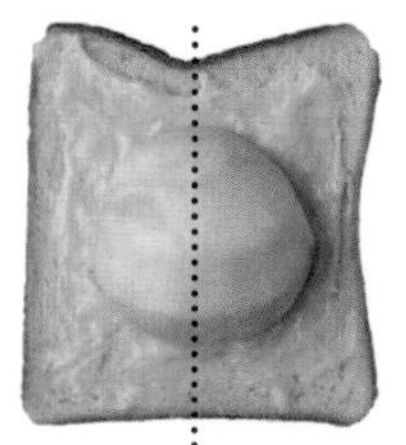

切成對半的桃子，種籽部分有個窟窿。為避免切開之後，窟窿部份產生空隙，中央要多塗抹一些卡士達醤。

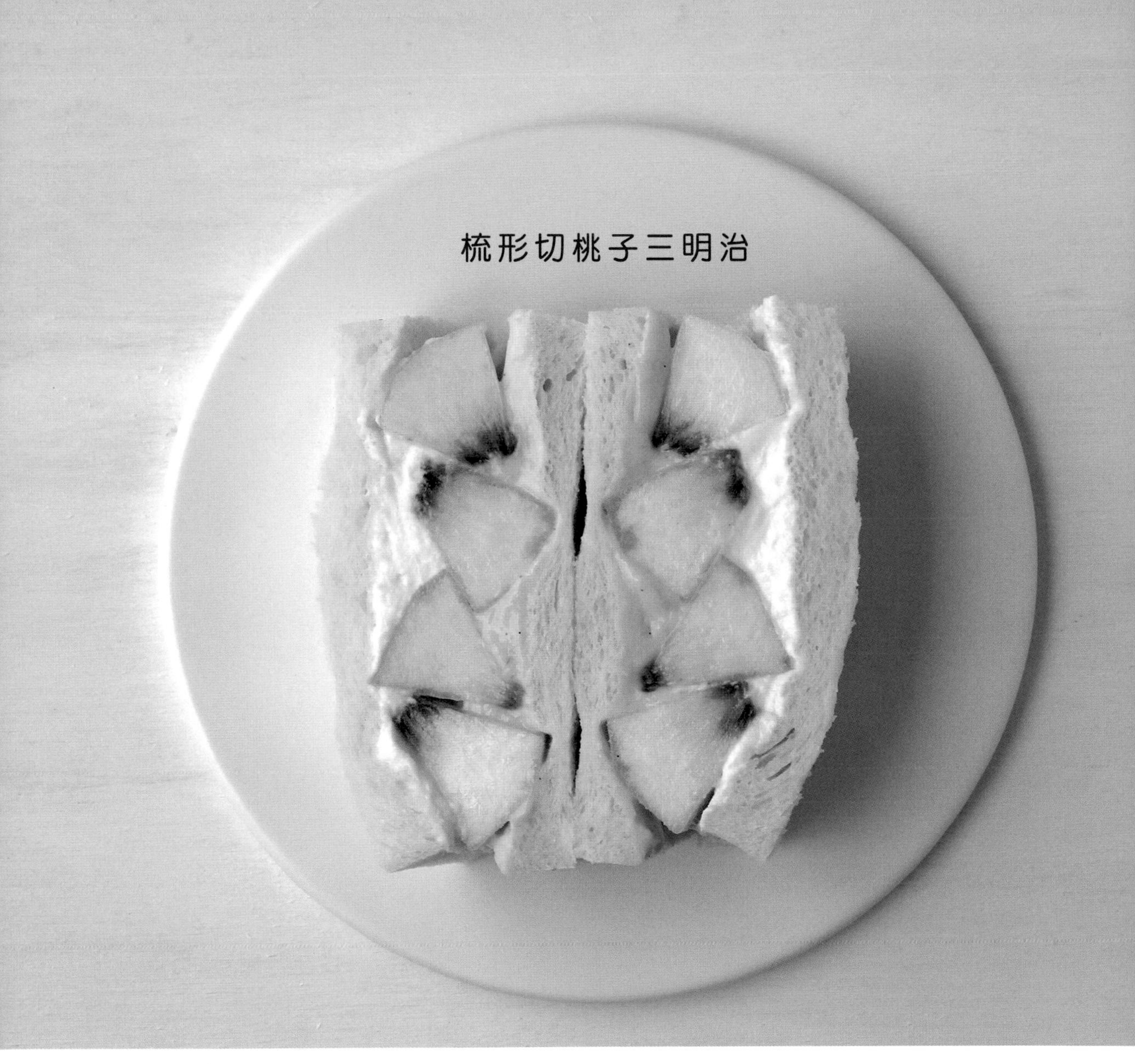

梳形切桃子三明治

材料（1 份）
方形吐司（8 片切）……2 片
卡士達醬（參考 p.42～43）……25g
馬斯卡彭起司 & 鮮奶油（參考 p.41）……40g
白桃（梳形切／參考 p.20 切法 8）……1/2 個（140g）

製作方法
1. 把 1/2 個白桃進一步切成 4 等分的梳形切。
2. 在方形吐司的單面抹上卡士達醬。
3. 參考照片，把 **1** 的白桃排放在 **2** 的吐司上面。
4. 在另一片方形吐司的單面抹上馬斯卡彭起司 & 鮮奶油，和 **2** 的吐司合併。
5. 切掉吐司邊，切成對半。

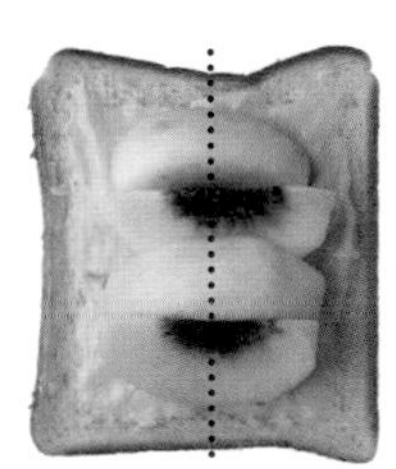

將切成梳形切的白桃排放在中央，讓中央部分和外側相互交錯。排放的時候，桃子會顯得有些高，但只要相互交疊，就會比較穩定，更容易切。

桃子 ╳ 吐司 + 改變食材

蜜桃梅爾芭風格三明治

「蜜桃梅爾芭（Peach Melba）」是，糖漬桃子和香草冰淇淋，再淋上覆盆子醬，是由法國名廚奧古斯特・埃斯科菲耶（Georges Auguste Escoffier）所開發出的甜點。把經典甜點重新打造成三明治的想法，也可以應用在其他地方。

材料（1 份）

方形吐司（8 片切）……2 片
卡士達醬（參考 p.42～43）……30g
馬斯卡彭起司 & 鮮奶油（參考 p.41）……25g
白桃罐頭（切半）※……1.5 塊
覆盆子醬（參考 p.31）……15g
杏仁片（烘烤）……3g

※ 也可以換成黃金桃罐頭或糖漬黃金桃（參考 p.35）。

製作方法

1. 把切半的白桃（罐頭）切成 4 等分的梳形切。
2. 在方形吐司的單面抹上卡士達醬。
3. 參考照片，把 **1** 的白桃排放在 **2** 的吐司上面，把覆盆子醬倒進白桃（罐頭）之間的縫隙。撒上壓碎的杏仁片。
4. 在另一片方形吐司的單面抹上馬斯卡彭起司 & 鮮奶油，和 **2** 的吐司合併。
5. 切掉吐司邊，切成 3 等分。

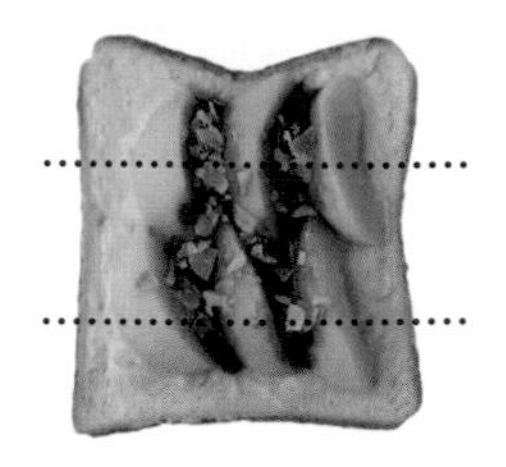

黃金桃、鳳梨、櫻桃的甜點午餐麵包

利用昭和復古的午餐麵包製成的水果三明治。紅色櫻桃的點綴格外可愛。大膽採用罐頭水果的組合，製作出懷舊的美味。

材料（1份）

午餐麵包……1個（35g）
卡士達醬（參考p.42～43）……50g
馬斯卡彭起司＆鮮奶油（參考p.41）……40g
黃金桃罐頭（切半）……1/2塊
鳳梨罐頭（切片）……1/3片
櫻桃罐頭……1顆

製作方法

1. 把切半的黃金桃（罐頭）切成4等分的梳形切。鳳梨（罐頭）切成對半。
2. 在午餐麵包的正上方切出切口。
3. 把卡士達醬和馬斯卡彭起司＆鮮奶油，分別放進裝有圓形花嘴的擠花袋，擠進**2**的午餐麵包裡面。
4. 參考照片，把黃金桃（罐頭）塞進卡士達醬和馬斯卡彭起司＆鮮奶油之間，正中央塞進鳳梨（罐頭）和櫻桃（罐頭）。

芒果╳吐司

芒果的濃醇甘甜和豐富香氣，有別於其他水果，就算搭配上麵包，仍然有相當強烈的存在感。味道當然不在話下，鮮豔的金黃色更是令人印象深刻，和白色吐司的色調對比也格外有趣。

切半芒果三明治

材料（1份）

方形吐司（8片切）……2片
馬斯卡彭起司&鮮奶油（參考p.41）……45g（20g＋25g）
芒果（參考p.23切法6）……85g

製作方法

1. 在方形吐司的單面抹上20g的馬斯卡彭起司&鮮奶油。
2. 參考照片，把芒果放在**1**的吐司上面。空隙部分用切成小塊的芒果補滿。
3. 在另一片方形吐司的單面抹上25g的馬斯卡彭起司&鮮奶油，和**2**的吐司合併。
4. 切掉吐司邊，切成對半。

夾上切成大塊的芒果，就能享受黏膩的獨特口感和香甜汁液。希望強調芒果口感的時候，特別推薦這種方法。

切片芒果三明治

材料（1份）

方形吐司（8片切）……2片
卡士達醬（參考 p.42～43）……25g
馬斯卡彭起司 & 鮮奶油（參考 p.41）……25g
芒果（參考 p.23 切法 6）……85g

製作方法

1. 在方形吐司的單面抹上卡士達醬。
2. 參考照片，一邊注意切割的位置，把芒果排放在 **1** 的吐司上面。
3. 在另一片方形吐司的單面抹上馬斯卡彭起司 & 鮮奶油，和 **2** 的吐司合併。
4. 切掉吐司邊，切成 3 等分。

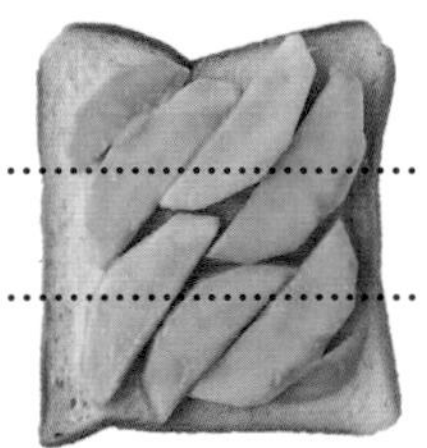

因為採用厚切，所以能夠充分感受唯有芒果才有的香甜多汁，整體平均地夾滿，每一口都能吃到麵包和芒果，就能更具魅力。

奇異果 ╳ 吐司

奇異果的鮮豔綠色和白色的麵包、奶油醬相互輝映，就算只有單品，仍然美麗出眾。奇異果不軟不硬的口感，搭配麵包的時候，非常容易食用，全年都可以買到的部分，也是其魅力所在。

切塊奇異果三明治

材料（1 份）

方形吐司（8 片切）……2 片
馬斯卡彭起司 & 鮮奶油（參考 p.41）……50g（25g ＋ 25g）
奇異果……1 個

製作方法

1. 奇異果削除果皮，縱切成對半。一半進一步切成對半（參考 p.25 切法 6）。
2. 在方形吐司的單面抹上 25g 的馬斯卡彭起司 & 鮮奶油。
3. 參考照片，把 **1** 的奇異果放在 **2** 的吐司上面。
4. 在另一片方形吐司的單面抹上 25g 的馬斯卡彭起司 & 鮮奶油，和 **3** 的吐司合併。
5. 切掉吐司邊，切成對半。

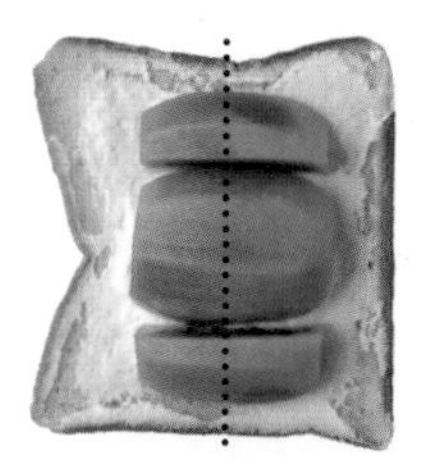

把切成對半的奇異果放在正中央，兩側放上切成 1/4 的切塊。

切片奇異果三明治

材料（1份）

方形吐司（8片切）……2片
馬斯卡彭起司＆鮮奶油（參考 p.41）
……50g（25g＋25g）
奇異果……1個

製作方法

1. 奇異果削除果皮，切片成6片（參考 p.25 切法5）。
2. 在方形吐司的單面抹上25g的馬斯卡彭起司＆鮮奶油。
3. 參考照片，把 **1** 的奇異果放在 **2** 的吐司上面。
4. 在另一片方形吐司的單面抹上25g的馬斯卡彭起司＆鮮奶油，和 **3** 的吐司合併。
5. 切掉吐司邊，沿著對角線切成4等分。

把最大片的切片放在正中央，然後將4片放在4個角落，最小的一片則切成4等分，填補空隙。把奇異果平均配置在整片吐司上面。

無花果 × 吐司

軟嫩、多汁的無花果，和麵包、大量的奶油醬非常契合，入口即化般的口感和纖細味道，特別令人印象深刻。可以搭配卡士達醬變身成西洋風味，也可以搭配豆沙或芝麻，化身成日式風格。可以品嚐到各不相同的美味。

切半無花果三明治

材料（1份）

方形吐司（8片切）……2片
馬斯卡彭起司 & 鮮奶油（參考 p.41）
……25g
卡士達醬（參考 p.42～43）
……25g
無花果……1個

製作方法

1. 無花果削除果皮，縱切成對半。
2. 在方形吐司的單面抹上卡士達醬。
3. 參考照片，把 1 的無花果放在 2 的吐司上面。
4. 在另一片方形吐司的單面抹上馬斯卡彭起司 & 鮮奶油，和 3 的吐司合併。
5. 切掉吐司邊，切成對半。

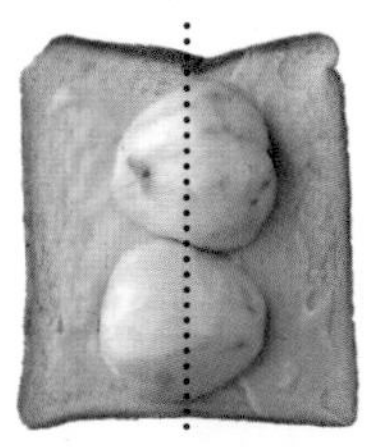

排放無花果的時候，只要把上下顛倒組合，就可以實現整體的平衡。切半的時候，只要削掉果皮就可以了。就算採用大塊尺寸，仍然可以享受無花果在嘴裡融化的軟嫩口感。

切片無花果三明治

材料（1 份）

方形吐司（10 片切）……2 片
馬斯卡彭起司 & 鮮奶油（參考 p.41）
……45g（25g ＋ 25g）
卡士達醬（參考 p.42 ～ 43）……20g
無花果……1 個

製作方法

1. 無花果連皮一起切成 5 片。
2. 在方形吐司的單面抹上卡士達醬，再重疊塗抹上 20g 的馬斯卡彭起司 & 鮮奶油。
3. 參考照片，把 **1** 的無花果放在 **2** 的吐司上面。
4. 在另一片方形吐司的單面抹上 25g 的馬斯卡彭起司 & 鮮奶油，和 **3** 的吐司合併。
5. 切掉吐司邊，切成 3 等分。

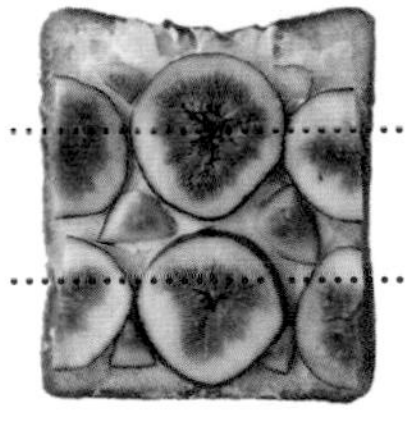

無花果切片的時候，直接在帶皮狀態下切片。切的時候，比較不容易鬆散。

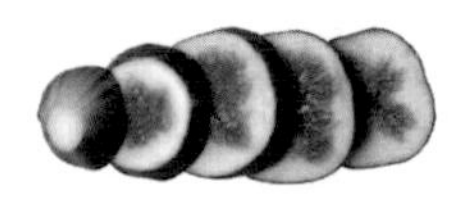

無花果 ╳ 吐司 ＋ 改變食材

無花果和馬斯卡彭芝麻奶油醬的日式三明治

無花果非常適合搭配日式食材，尤其推薦豆沙和芝麻的組合。利用果醬彌補無花果的清爽甜味，提高與顆粒豆沙之間的協調性。光是把濃稠的無花果和帶有芝麻香的馬斯卡彭起司組合在一起，就能夠品嚐到絕無僅有的甜點美味。

材料（1 份）

方形吐司（8 片切）……2 片
無花果（去皮）
……厚度 12㎜的切片 4 片
顆粒豆沙（市售品）……50g
馬斯卡彭芝麻奶油醬（參考 p.46）
……25g
無花果醬（參考 p.30）……20g
白芝麻粉……少許

製作方法

1. 在方形吐司的單面抹上馬斯卡彭芝麻奶油醬。
2. 參考照片，把無花果放在 **1** 的吐司上面，重疊塗抹上無花果醬，填滿無花果的空隙。
3. 在另一片方形吐司的單面抹上顆粒豆沙，和 **3** 的吐司合併。
4. 切掉吐司邊，切成 3 等分。完成後，撒上白芝麻粉。

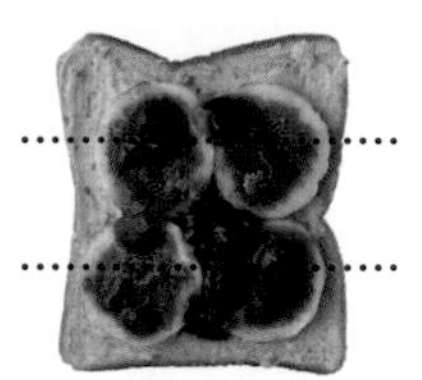

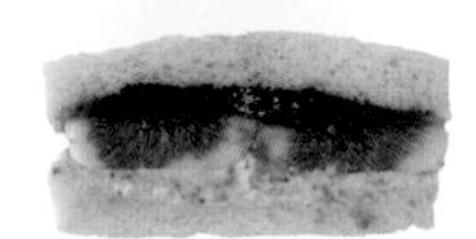

無花果和布里亞薩瓦蘭起司的布里歐三明治

無花果製作成果醬之後，就能引誘出不同於新鮮水果的濃醇味道，同時也非常適合搭配起司。直接搭配布里亞薩瓦蘭起司，就能化身成優質的甜點。最後再用含有大量雞蛋和奶油的布里歐麵包整合，就成了奢華的華麗風味。

材料（1 份）

布里歐麵包……1 個
無花果醬（參考 p.30）
……20g（15g ＋ 5g）
布里亞薩瓦蘭起司（新鮮）※
……20g（15g ＋ 5g）
無鹽奶油……5g
杏仁片（烘烤）……2g

※ 法國的新鮮起司。帶有溫和酸味和柔滑口感，有種非烘焙起司蛋糕般的味道。如果不容易買到，也可以用奶油起司代替。

製作方法

1. 把布里歐麵包上方的圓形部分和下方分切成對半，分別斜切出切口。
2. 把無鹽奶油塗抹在 **1** 的麵包內側，夾進切片的布里亞薩瓦蘭起司和無花果醬。下方塗抹 15g 無花果醬，上方則塗抹 5g。
3. 完成後，撒上壓碎的杏仁片。

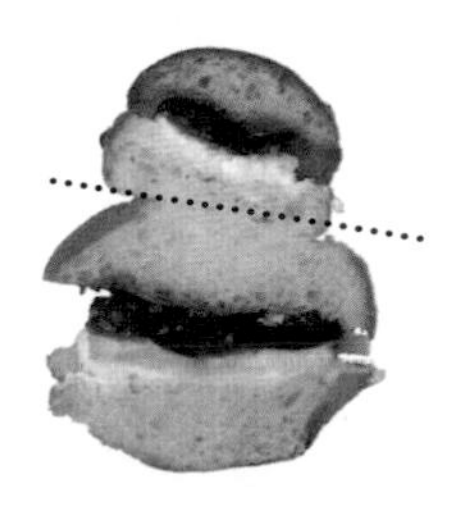

葡萄 ╳ 吐司

一口大小的葡萄，非常方便食用，可以整顆製作成三明治的部分別具魅力。近年新增了許多可以連皮一起吃的新品種，其中就屬大顆且香甜的「晴王麝香葡萄」最受歡迎。如果要享受香氣，只需要簡單搭配馬斯卡彭起司＆鮮奶油就非常足夠。

整顆晴王麝香葡萄三明治

材料（1份）

方形吐司（8片切）……2片
馬斯卡彭起司＆鮮奶油（參考p.41）
……45g（20g＋25g）
晴王麝香葡萄……8顆

製作方法

1. 在方形吐司的單面抹上20g的馬斯卡彭起司＆鮮奶油。
2. 參考照片，把晴王麝香葡萄放在**1**的吐司上面。
3. 在另一片方形吐司的單面抹上25g的馬斯卡彭起司＆鮮奶油，和**2**的吐司合併。
4. 切掉吐司邊，切成3等分。

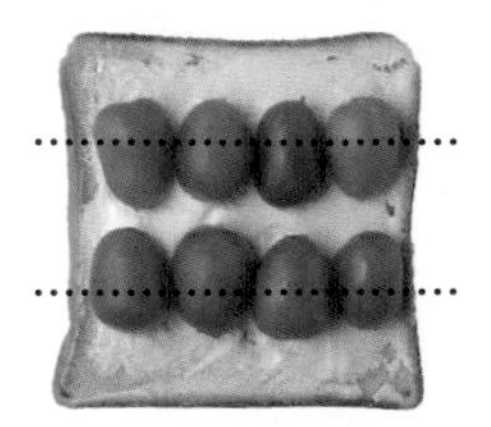

晴王麝香葡萄朝水平方向切開，就能呈現出圓形的剖面。將帶梗端上下交錯排列，就會比較穩定。

半月晴王麝香葡萄三明治

材料（1 份）

方形吐司（10 片切）……2 片
馬斯卡彭起司 & 鮮奶油（參考 p.41）
……45g（20g ＋ 25g）
晴王麝香葡萄……4 顆

製作方法

1. 將晴王麝香葡萄縱切成對半。
2. 在方形吐司的單面抹上 20g 的馬斯卡彭起司 & 鮮奶油。
3. 參考照片，把 **1** 的晴王麝香葡萄放在 **2** 的吐司上面。
4. 在另一片方形吐司的單面抹上 25g 的馬斯卡彭起司 & 鮮奶油，和 **3** 的吐司合併。
5. 切掉吐司邊，切成 3 等分。

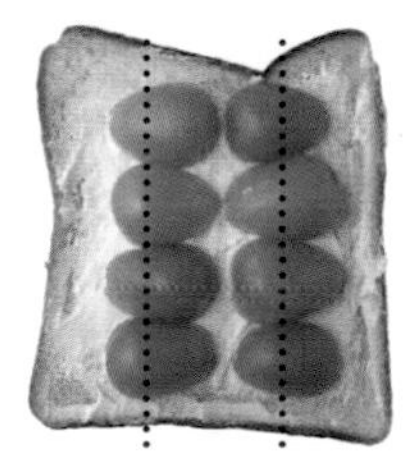

把水果排放在吐司上面的時候，要根據吐司的長寬和水果的尺寸決定水果的擺放方向。這種吐司屬於長方形，橫向無法排滿水果，所以就改成縱向排放。

葡萄 ╳ 吐司

長野紫葡萄和晴王麝香葡萄三明治

把深紫色的長野紫葡萄和綠色的晴王麝香葡萄組合在一起，專為喜歡葡萄的人所設計的三明治。紫、綠相間的葡萄樣貌，妝點出美麗的剖面。馬斯卡彭起司＆鮮奶油和卡士達醬的組合，營造出更甜的好滋味。

材料（1 份）

方形吐司（10 片切）……2 片
卡士達醬（參考 p.42～43）……30g
馬斯卡彭起司＆鮮奶油（參考 p.41）……30g
長野紫葡萄※……6 顆
晴王麝香葡萄……4 顆

※ 也可以換成巨峰或貓眼葡萄等紫色葡萄。

製作方法

1. 1 顆長野紫葡萄縱切成 4 等分。
2. 在方形吐司的單面抹上卡士達醬。
3. 參考照片，把長野紫葡萄和晴王麝香葡萄放在 2 的吐司上面。
4. 在另一片方形吐司的單面抹上馬斯卡彭起司＆鮮奶油，和 3 的吐司合併。
5. 切掉吐司邊，沿著對角線切成 4 等分。

裸麥麵包的葡萄乾奶油三明治

葡萄乾有著不同於新鮮葡萄的果乾魅力。主要重點就是先將風味豐富的裸麥吐司烤過，然後再簡單夾上含有大量葡萄乾的葡萄乾奶油。成熟的味道，也非常適合搭配咖啡或洋酒。

材料（1 份）

裸麥吐司（12 片切）……2 片
白巧克風味的葡萄乾奶油（參考 p.47）……80g

製作方法

1. 裸麥吐司稍微烤一下。
2. 把白巧克力風味的葡萄乾奶油抹在 **1** 的吐司上面，再用另一片裸麥吐司夾起來。
3. 切掉吐司邊，切成 4 等分。

＊可以先把白巧克力風味的葡萄乾奶油恢復至常溫再塗抹，然後用保鮮膜將夾好的吐司包起來，放進冰箱冷卻凝固，就可以切割得更完美。只要確實密封，就算冷凍保存也 OK。

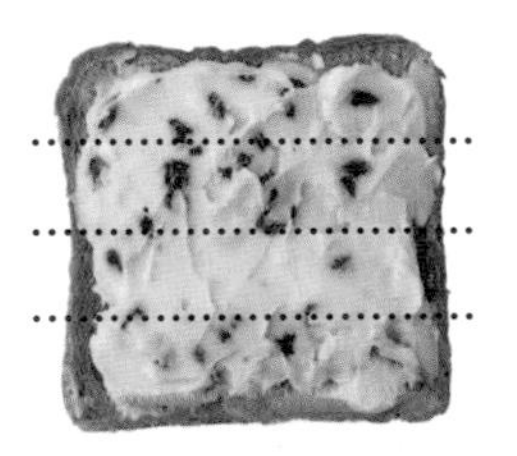

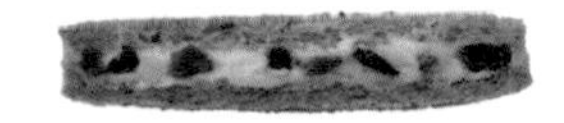

柑橘 ╳ 吐司

蜜柑、柳橙、檸檬等，善用柑橘個性的組合，不光是甜點三明治，在各種料理方面的應用也相當廣泛。新鮮水果、罐頭、果醬或是橙皮，都可以應用。依加工方法的不同，享受各不相同的味道。

蜜柑三明治

材料（1份）

方形吐司（8片切）……2片
馬斯卡彭起司＆鮮奶油（參考 p.41）
……40g（20g ＋ 20g）
蜜柑……1.5顆

製作方法

1. 蜜柑剝掉果皮，使用3塊切成對半的果肉。其中1塊依果囊進行分切。
2. 在方形吐司抹上20g的馬斯卡彭起司＆鮮奶油。
3. 參考照片，把**1**的蜜柑放在**2**的吐司上面。
4. 在另一片方形吐司的單面抹上20g的馬斯卡彭起司＆鮮奶油，和**3**的吐司合併。
5. 切掉吐司邊，切成對半。

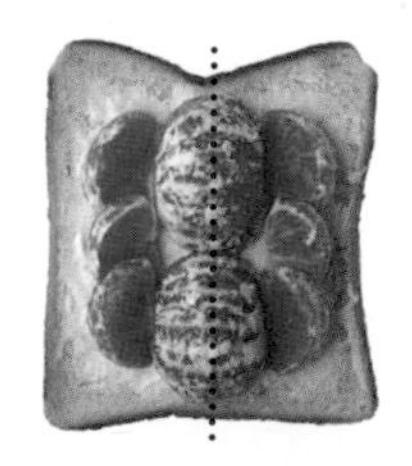

內膽夾上甜且多汁的蜜柑。切成對半的蜜柑，扇狀的剖面格外有趣。

夏蜜柑三明治

材料（1份）

方形吐司（8片切）……2片
奶油起司……35g
柑橘醬……25g
夏蜜柑的罐頭……6瓣（75g）
開心果（Super Green）……2g

製作方法

1. 把奶油起司和柑橘醬稍微混拌。
2. 把**1**的一半份量塗抹在方形吐司的單面。
3. 參考照片，把瀝乾水分的夏蜜柑（罐頭）放在**2**的吐司上面。
4. 把**1**剩下的份量塗抹在另一片方形吐司的單面，和**3**的吐司合併。
5. 切掉吐司邊，切成3等分，完成後，撒上切碎的開心果。

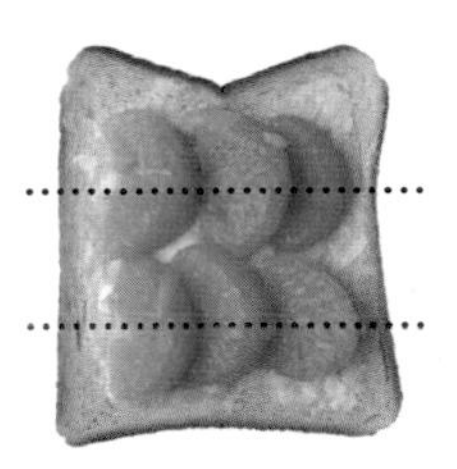

成熟風味的新鮮夏蜜柑罐頭，和添加了柑橘醬的奶油起司，兩種食材的組合，激盪出超乎想像的美味，也非常適合搭配紅茶。

柑橘 ╳ 吐司 + 改變食材

改變麵包！

柳橙和鮭魚的裸麥麵包三明治

裸麥麵包搭配奶油起司和煙燻鮭魚，光是這樣的經典搭配就已經十分美味。再進一步加上柳橙，就能更添多汁感和清爽的香氣。製作出更上一層的美味。

材料（1 份）

裸麥吐司（12 片切）……3 片
奶油起司……30g
柳橙柑橘醬……20g
無鹽奶油……15g（5g×3）
柳橙（剝除果皮）……6 瓣（60g）
煙燻鮭魚……40g
紅橡木萵苣（綠葉生菜、紅萵苣亦可）……6g
美乃滋……3g
橙皮（磨成細屑）……少許

製作方法

1. 柳橙剝除果皮，依照果囊切出果肉（參考 p.21 切法 7）。
2. 把奶油起司和柑橘醬稍微混拌。
3. 將 **2** 塗抹在方形吐司的單面。
4. 參考照片，把 **1** 的柳橙放在 **3** 的吐司上面。
5. 在裸麥吐司的單面抹上 5g 的無鹽奶油，和 **4** 的吐司合併。
6. 把 5g 的無鹽奶油塗抹在 **5** 的吐司上面，放上煙燻鮭魚。上面擠上 3g 美乃滋，再疊上紅橡木萵苣。
7. 在另一片裸麥吐司的單面抹上 5g 的無鹽奶油，和 **6** 的吐司合併。
8. 切掉吐司邊，切成 3 等分，完成後，撒上磨成細屑的橙皮。

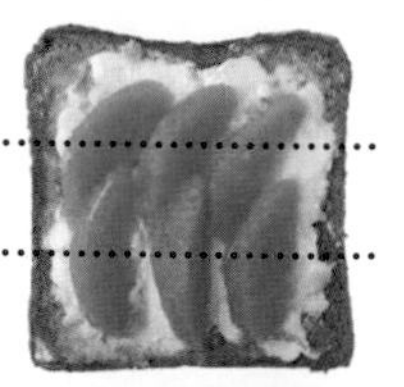

火腿、米莫萊特起司和檸檬雞蛋奶油醬的三明治

火腿和起司的簡單組合，再加上檸檬雞蛋奶油醬。有著清爽酸味和濃郁風味的麵包，搭配上火腿的美味，讓經典的三明治化身成時尚的味道。

材料（1份）

坎帕涅麵包（12㎜切片）
……2片（56g）
無鹽奶油……4g
芝麻菜……6g
火腿……25g
美乃滋……5g（3g＋2g）
米莫萊特起司……10g
檸檬雞蛋奶油醬（參考p.44～45）
……25g

製作方法

1. 把無鹽奶油塗抹在坎帕涅麵包的單面，放上芝麻菜。在上面擠上3g的美乃滋，再疊上火腿。

2. 在**1**的火腿上面擠上2g的美乃滋，疊上薄切的米莫萊特起司。

3. 在另一片坎帕涅麵包的單面抹上檸檬雞蛋奶油醬，和**2**的麵包合併。

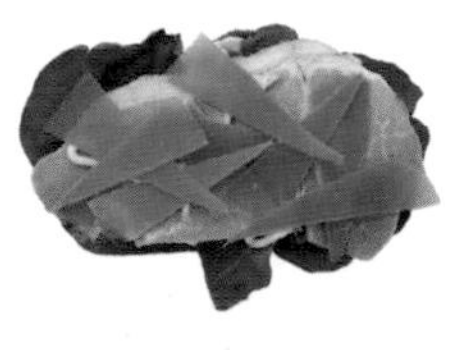

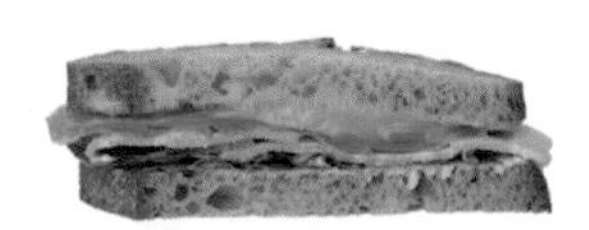

香蕉 × 吐司

綿滑、香甜的香蕉，就算用麵包夾起來，仍然存在感十足。除了搭配基本奶油醬的甜點風味之外，搭配培根或青黴起司的組合也很有新意。

香蕉&巧克力三明治

材料（1份）

方形吐司（8片切）……2片
焦糖堅果巧克力醬（參考 p.49）……30g
馬斯卡彭起司 & 鮮奶油（參考 p.41）……30g
香蕉（對半切）……1.5條

製作方法

1. 把焦糖堅果巧克力醬抹在方形吐司的單面，參考照片，放上香蕉。
2. 在另一片方形吐司的單面抹上馬斯卡彭起司 & 鮮奶油，和 1 的吐司合併。
3. 切掉吐司邊，切成對半。

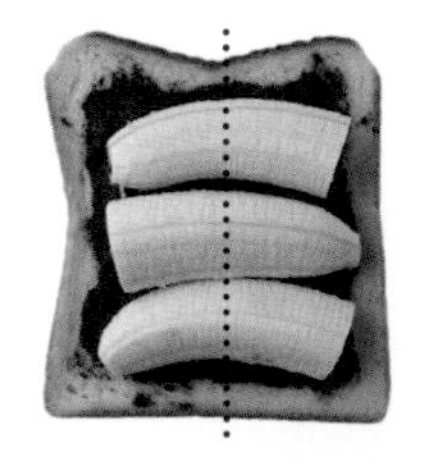

香蕉只要左右交錯擺放，就能讓份量更平均。也可以依個人喜好，把焦糖堅果巧克力換成卡士達醬。

堅果奶油 × 全麥吐司

堪稱是美國孩童的便當。簡稱為 PB & J（Peanut Butter and Jelly sandwich），是美國家庭經常製作的簡單三明治。花生奶油推薦使用帶有顆粒，口感更佳的種類。

堅果奶油和草莓醬的三明治

材料（1 份）

全麥吐司（8 片切）……2 片
花生奶油（市售品 / 帶顆粒）……40g
草莓醬（參考 p.30）……40g

製作方法

1. 把花生奶油抹在全麥吐司的單面。
2. 在另一片全麥吐司的單面抹上草莓醬，和 **1** 的吐司合併。
3. 分切成 4 塊。

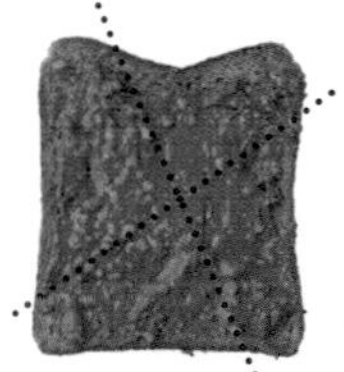

PB & J的J是指果凍（Jelly）的意思。指用果汁製作，非凝固狀的果醬，美國除了草莓醬，也經常使用葡萄醬。

香蕉＋堅果奶油 ╳ 全麥吐司＋ 改變食材

杏仁奶油、香蕉和無花果醬的三明治

把花生奶油換成杏仁奶油，草莓醬換成無花果醬的 PB & J 的變化創意，再搭配上香蕉。厚切香蕉的黏滑口感和香甜令人印象深刻。

材料（1 份）

全麥吐司（8 片切）……2 片
杏仁奶油（參考 p.49）……35g
香蕉……厚度 10㎜的切片 6 片
無花果醬（參考 p.30）……50g

製作方法

1. 把杏仁奶油抹在全麥吐司的單面，參考照片，放上香蕉。
2. 在另一片全麥吐司的單面抹上無花果醬，和 **1** 的吐司合併。
3. 切掉吐司邊，切成 3 等分。

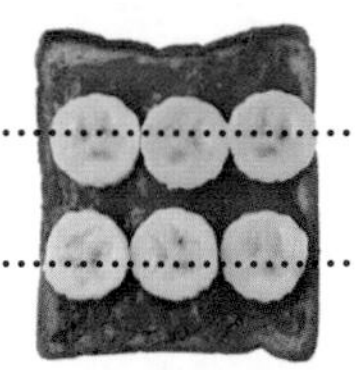

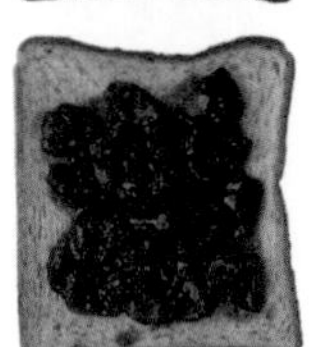

香蕉、花生奶油和培根的熱壓三明治

培根、香蕉、花生奶油是美國的經典組合。由於「貓王」艾維斯 · 普里斯萊非常喜歡，而被稱為「艾維斯三明治」。也增加了 PB & J 的要素，同時也推薦以果醬的酸味與甜味作為重點。

材料（1 份）

全麥吐司（8 片切）……2 片
花生奶油（市售品 / 帶顆粒）……30g
西梅李醬（參考 p.28）……25g
培根……3 片
香蕉……厚度 10㎜ 的切片 9 片

製作方法

1. 培根切成對半，用平底鍋香煎兩面。
2. 把西梅李醬抹在全麥吐司的單面，再放上 **1** 的培根，參考照片，放上香蕉。
3. 在另一片全麥吐司的單面抹上花生奶油，和 **2** 的吐司合併。
4. 用預熱的帕尼尼烤盤壓烤，直到表面呈現焦黃色，切成對半。

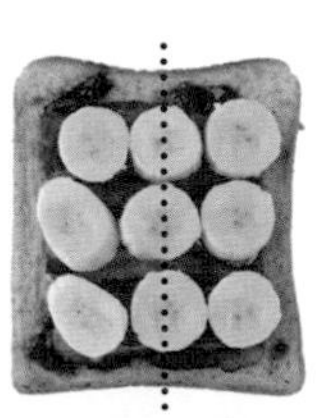

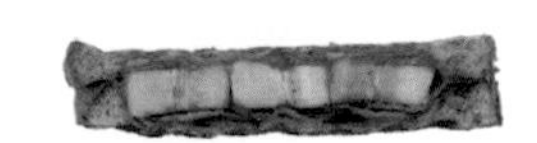

蘋果 ╳ 全麥吐司

帶有酸甜滋味的蘋果，不論是新鮮的，或是加工的，全都各有不同的特殊美味。甜點類當然不用說，搭配火腿或起司也非常適合，算是非常推薦用來製作成三明治的水果。首先，就先採用新鮮蘋果，簡單品嚐爽脆的口感吧！

蘋果片＆焦糖堅果起司三明治

材料（1份）

全麥吐司（8片切）……2片
焦糖堅果奶油起司（參考 p.47）……50g
卡士達醬（參考 p.42～43）……25g
蘋果※……厚度3㎜的半月切片6片（約75g）

※這裡使用紅龍蘋果。酸甜適中，非常值得推薦。

製作方法

1. 全麥吐司稍微輕烤上色。
2. 把卡士達醬抹在全麥吐司的單面，參考照片，放上蘋果。
3. 在另一片全麥吐司的單面抹上焦糖堅果奶油起司，和 2 的吐司合併。
4. 切掉吐司邊，切成3等分。

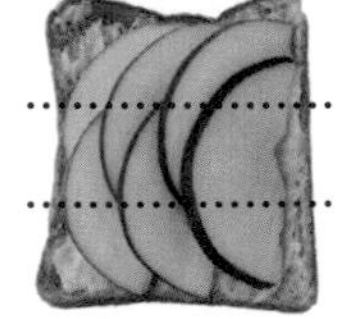

切成半月切，形狀就能一致，也就能製作出更漂亮的剖面。因為直接帶皮使用，所以一眼就能看出是蘋果的部分，也別具魅力。

西洋梨 ╳ 吐司

香氣十足的西洋梨，加熱後，甜味會增加，同時還能享受入口即化的口感。如果製作成三明治，比起薄切，切塊成較大尺寸反而更能享受到西洋梨的獨特風味。不論是新鮮的，或是加工的，都各有不同的美味。

西洋梨三明治

材料（1 份）

方形吐司（10 片切）……2 片

卡士達醬（參考 p.42～43）……30g

馬斯卡彭起司 & 鮮奶油（參考 p.41）……30g

西洋梨……8 等分的梳形切 3 塊（約 65g）

製作方法

1. 方形吐司的單面抹上卡士達醬，參考照片，放上西洋梨。

2 在另一片方形吐司的單面抹上馬斯卡彭起司 & 鮮奶油，和 **1** 的吐司合併。

3. 切掉吐司邊，切成 3 等分。

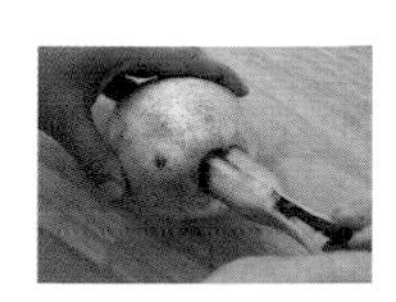

西洋梨的果核很硬，如果有去芯器（參考 p.52）就會非常方便。熟透的西洋梨很軟，要小心處理。

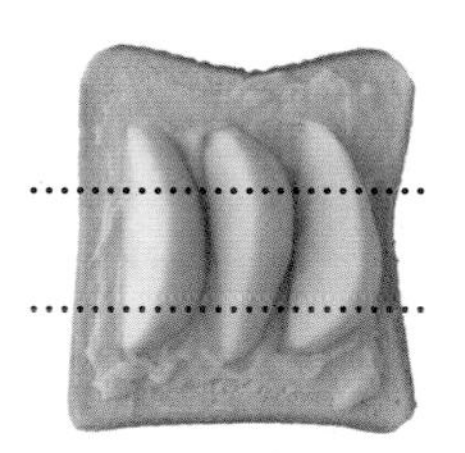

西洋梨以上下交錯的方式配置，就會比較平均。

蘋果 × 葡萄麵包 + 改變食材

改變麵包！

烤蘋果片的葡萄乾麵包三明治

只要把奶油放在蘋果片上面稍微烘烤，就能輕鬆製作出烤蘋果片。使用的蘋果以紅玉或紅龍蘋果尤佳。這兩種蘋果的酸甜適中，而且也能烤出漂亮的蘋果色。正因為採用的是十分簡單的組合，所以就能讓杏仁或葡萄乾成為味覺重點。

材料（1 份）

葡萄乾麵包（厚度 12㎜的切片）……30g×2 片
杏仁奶油（參考 p.49）……25g
烤蘋果片※……63g
無鹽奶油……4g
蜂蜜……5g

※1/2 個蘋果，在帶皮狀態下切成半月狀的薄片（參考 p.24 切法 6），排放在調理盤。把 15g 的無鹽奶油切成 10㎜丁塊狀，鋪在蘋果片上面，用預熱的烤箱烤 3 分鐘。

製作方法

1. 把杏仁奶油抹在葡萄乾麵包的單面，參考照片，放上烤蘋果片，淋上蜂蜜。
2. 在另一片葡萄乾麵包的單面抹上無鹽奶油，和 1 的吐司合併。
3. 切成 3 等分。

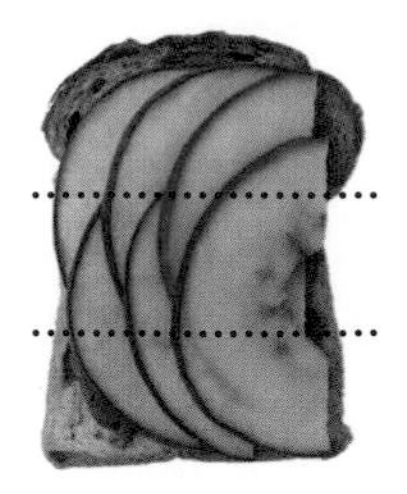

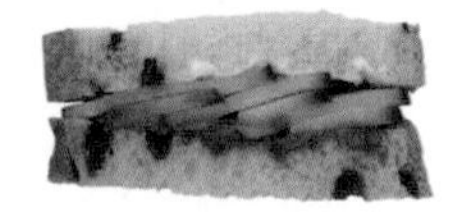

西洋梨和生火腿的長棍麵包三明治

西洋梨也非常適合搭配生火腿或藍紋起司。只要使用西洋梨罐頭，就可以隨時製作，不受季節限制，非常方便。以藍紋起司為重點，再利用無花果醬彌補濃郁感，簡單的生火腿三明治，就能變身成適合搭配紅酒的美食三明治。

材料（1份）

短長棍麵包※……1條（50g）
無鹽奶油……16g
西洋梨罐頭（切半）……1塊
生火腿（帕爾瑪火腿）……1切片
芝麻菜……4g
無花果醬（參考 p.30）……15g
藍紋起司※※……10g

※這裡使用尺寸短小的短長棍麵包。也可以使用長條麵包。
※※這裡使用的是奧弗涅藍起司。古岡左拉起司、昂貝爾起司等，味道溫和的藍紋起司比較適合。

製作方法

1. 短長棍麵包從側面切出切口，在內側抹上無鹽奶油。
2. 依序把芝麻菜、生火腿、切片成4等分的西洋梨，夾進**1**的麵包內側。
3. 最後再夾上無花果醬和切成小塊的藍紋起司。

栗子 ╳ 吐司

在所有搭配吐司的堅果當中，就屬栗子最能夠感受到季節感。雖然栗子無法直接食用，必須花費時間加工，但是，栗子的美味格外特別。從糖煮澀皮栗子開始自己動手做的特別三明治。

切塊栗子三明治

材料（1 份）

方形吐司（8 片切）……2 片
栗子奶油抹醬（市售品）……20g
馬斯卡彭起司 & 鮮奶油（參考 p.41）
……50g（25g ＋ 25g）
糖煮澀皮栗子（參考 p.38 ～ 39）
……5 個

製作方法

1. 把栗子奶油抹在方形吐司的單面，再重疊抹上 25g 的馬斯卡彭起司 & 鮮奶油。
2. 參考照片，把糖煮澀皮栗子排放在 **1** 的吐司上面。
3. 在另一片方形吐司的單面抹上 25g 的馬斯卡彭起司 & 鮮奶油，和 **2** 的吐司合併。
4. 切掉吐司邊，沿著對角線切成 4 等分。

為了充份發揮糖煮澀皮栗子的魅力，將栗子配置在可看出栗子剖面的位置。栗子大小不一時，就把最大顆的栗子配置在正中央。

堅果 ╳ 吐司

烘烤過的堅果和麵包的簡單組合，雖然稱不上華麗，但卻能夠享受到豐富的香氣和濃郁味道。只要搭配上焦糖化的奶油起司，或是使用蜂蜜浸漬的堅果，就能製作出充滿魅力的三明治。

酥脆堅果三明治

材料（1份）

方形吐司（8片切）……2片

焦糖堅果奶油起司（參考 p.47）……85g

卡士達醬（參考 p.42～43）……30g

製作方法

1. 把焦糖堅果奶油起司抹在一片方形吐司的單面。
2. 在另一片方形吐司的單面抹上卡士達醬，和 1 的吐司合併。
3. 切掉吐司邊，切成 3 等分。

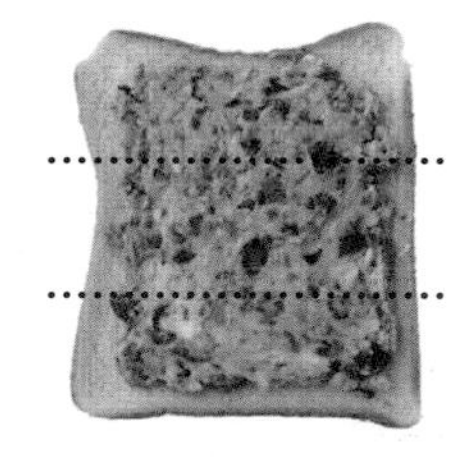

把卡士達醬換成巧克力醬（參考 p.48），也十分美味。這個時候，麵包換成全麥吐司，就會更加對味。

栗子 × 吐司 + 改變食材

栗子派風味三明治

以栗子派為形象，使用大量糖煮澀皮栗子，口感宛如蛋糕的三明治。壓碎的派餅，
口感酥脆，別有新意。栗子奶油醬和卡士達醬的雙重配方，讓味道更加豐富。

材料（1 份）

方形吐司（10 片切）……2 片
卡士達醬（參考 p.42 ～ 43）……15g
糖煮澀皮栗子（參考 p.38 ～ 39）
……2 個（60g）
栗子奶油抹醬（市售品）……30g
蝴蝶酥（派餅，市售品）……8g

製作方法

1. 把卡士達醬抹在方形吐司的單面，鋪上切成碎粒的糖煮澀皮栗子和壓碎的蝴蝶酥。
2. 在另一片方形吐司的單面抹上栗子奶油醬，和 **1** 的吐司合併。
3. 切掉吐司邊，切成 3 等分。

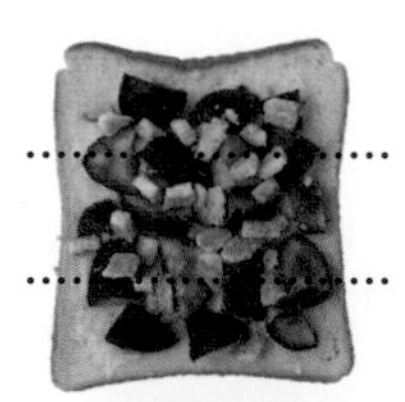

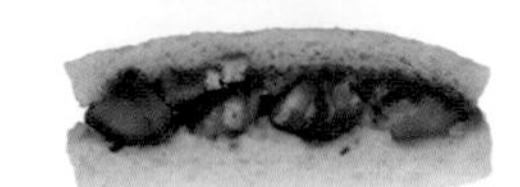

蜜漬堅果和奶油起司的貝果三明治

以蜜漬堅果為主角的貝果三明治，主要重點是大量的奶油起司和無鹽奶油的雙重配方。最後用黑胡椒提味，製作出成熟風味。

材料（1 份）

貝果（原味）……1 個（100g）
奶油起司……50g
蜜漬堅果（參考 p.19）……80g
無鹽奶油……10g
黑胡椒……適量

製作方法

1. 在奶油起司裡面加入粗粒的黑胡椒，混拌均勻。
2. 貝果橫切成對半。
3. 把 **1** 的奶油起司塗抹在 **2** 的下層貝果，上面鋪上蜜漬堅果。
4. 把無鹽奶油塗抹在 **2** 的上層貝果，和 **3** 的下層貝果合併。最後再撒上粗粒黑胡椒。

酪梨 ╳ 吐司

十分受女性喜愛的酪梨三明治，只要善用酪梨本身的綠色漸層，就能製作出令人印象深刻的剖面。用檸檬或萊姆、鹽巴、胡椒預先調味，便是誘出酪梨美味的主要關鍵。

材料（1份）

方形吐司（12片切）……2片
無鹽奶油……5g
檸檬雞蛋奶油醬（參考p.44～45）……15g
酪梨……1/2個（60g）
檸檬汁……少許
鹽巴……少許
白胡椒……少許

製作方法

1. 酪梨以橫向薄切成片狀（參考p.23切法6）。平鋪在調理盤內，撒上鹽巴、白胡椒，淋上檸檬汁，預先調味。
2. 在方形吐司的單面抹上無鹽奶油，參考照片，將**1**的酪梨排成上下兩排。
3. 在另一片方形吐司抹上檸檬雞蛋奶油醬，和**2**的吐司合併。
4. 切掉吐司邊，切成3等分。

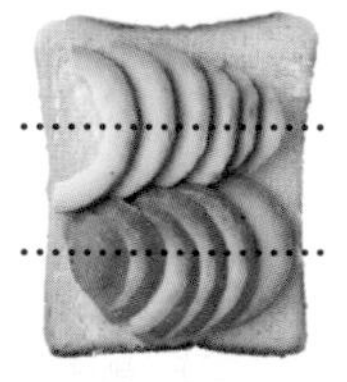

只要利用鹽巴、胡椒補足味道，就能讓酪梨變得更加美味。再搭配上酸味鮮明且濃郁的檸檬雞蛋奶油醬，就能激盪出新鮮美味。

酪梨醬和奶油起司的三明治

用酪梨製作的酪梨醬（guacamole）是墨西哥料理的代表性莎莎醬之一。雖說確實搗碎的膏狀形態也十分美味，不過，若是製作成三明治的話，則比較建議保留顆粒感。酪梨醬和奶油起司之間的搭配也十分契合，同時又能製作出美麗的剖面。

材料（1 份）

全麥吐司（10 片切）……2 片
奶油起司……25g
酪梨醬 ※……90g
無鹽奶油……5g

※ 酪梨醬（容易製作的份量）
酪梨 1 個（135g）去除種籽，削除果皮，切成粗粒。淋上萊姆汁 20g，混入紫洋蔥（細末）25g、番茄（碎粒）40g、芫荽（細末）3g，最後再用鹽巴、白胡椒調味。

製作方法

1. 全麥吐司的單面抹上奶油起司，鋪上酪梨醬。
2. 在另一片全麥吐司的單面抹上無鹽奶油，和 **1** 的吐司合併。
3. 切掉吐司邊，切成 3 等分。

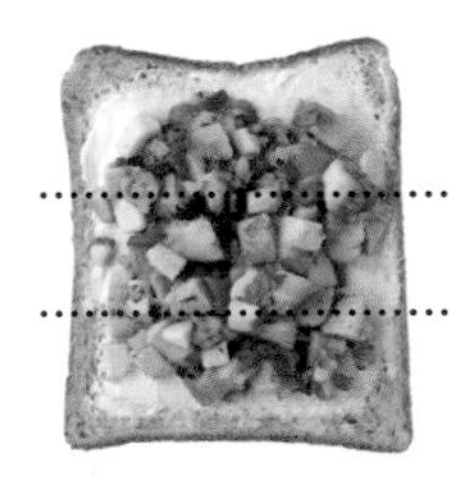

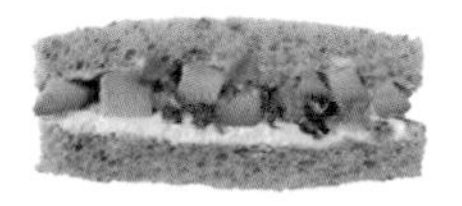

酪梨 ╳ 裸麥吐司 + 改變食材

改變麵包！

酪梨醬和鮭魚的裸麥三明治

酪梨和魚貝類是最佳組合。酪梨先用檸檬或香草補足酸味和香氣，就能與裸麥吐司更加契合。適合搭配白葡萄酒或果釀啤酒的成人風味。

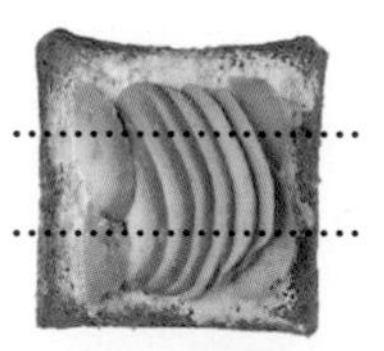

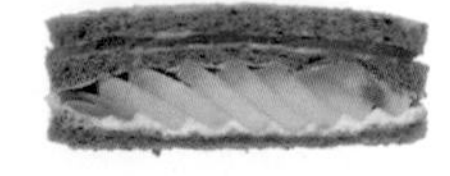

材料（1 份）

裸麥吐司（12 片切）……2 片
山葵奶油起司※……20g
酪梨……1/2 個（60g）
燻鮭魚……30g
無鹽奶油……9g（3g×3）
蒔蘿……少許
檸檬皮（磨成細屑）……少許
檸檬汁……適量
鹽巴……少許
白胡椒……少許

※ 以奶油起司：山葵＝ 10：1 的比例混合。

製作方法

1. 酪梨以縱向薄切成片狀（參考 p.23 切法 6）。平鋪在調理盤內，撒上鹽巴、白胡椒，淋上檸檬汁，預先調味。
2. 在裸麥吐司的單面抹上山葵奶油起司，參考照片，將 **1** 的酪梨排放在吐司上面。
3. 在另一片裸麥吐司的單面抹上 3g 的無鹽奶油，和 **2** 的吐司合併。
4. 在 **3** 的吐司上面抹上 3g 的無鹽奶油，鋪上燻鮭魚，再鋪上蒔蘿的葉子和檸檬皮。
5. 在另一片裸麥吐司的單面抹上 3g 的無鹽奶油，和 **4** 的吐司合併。
6. 切掉吐司邊，切成 3 等分。

酪梨沾醬和鮮蝦的可頌三明治

含有大量奶油的可頌和酪梨相當對味。再進一步搭配鮮蝦，就能營造出奢華的豐富味道。再加上萊姆皮的清爽香氣，讓整體的風味更佳協調。

材料（1份）

可頌……1個（40g）
無鹽奶油……5g
美乃滋……2g
酪梨醬（參考 p.119）……25g
奶油起司……25g
紅橡木萵苣（綠葉生菜、紅萵苣亦可）……10g
去殼蝦（水煮）……20g
萊姆皮（磨成細屑）……少許

製作方法

1. 把酪梨醬和奶油起司混拌在一起。
2. 可頌從側面切出切口，在內側抹上無鹽奶油。
3. 在 2 的可頌夾上紅橡木萵苣，上面鋪上 1 的酪梨醬，擠上美乃滋，再鋪上鮮蝦。
4. 最後再撒上萊姆皮。

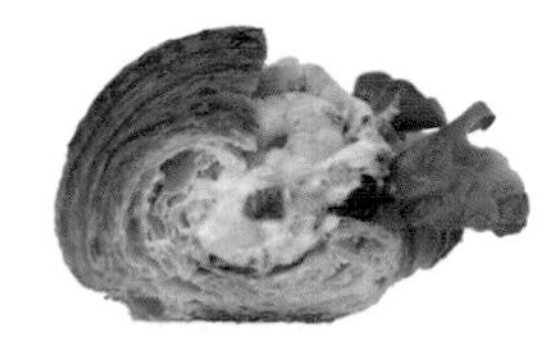

莓果 ╳ 吐司

莓果類的水果，不管是新鮮的，還是製成果醬，全都非常適合搭配麵包，但是，因為顆粒較小，所以希望製作剖面的時候，就必須小心擺放。如果是新鮮莓果再加上果醬的組合，就能更進一步地提高素材感。

切塊藍莓三明治

材料（1 份）

方形吐司（10 片切）……2 片
藍莓醬 & 奶油起司（參考 p.33）……80g（40g+40g）
藍莓……22 顆

製作方法

1. 在方形吐司的單面抹上 40g 的藍莓醬 & 奶油起司。
2. 參考照片，把藍莓排放在 **1** 的吐司上面。
3. 在另一片方形吐司抹上 40g 的藍莓醬 & 奶油起司，和 **2** 的吐司合併。
4. 切掉吐司邊，切成 3 等分。

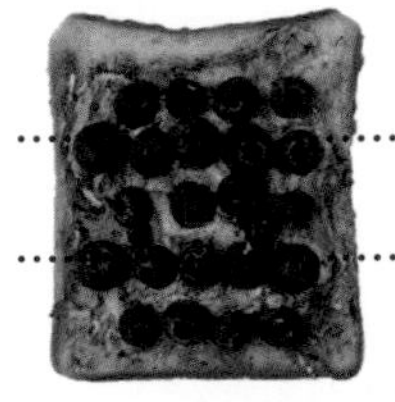

分別把 5 顆藍莓排放在切割位置，再進一步在兩排之間和兩側，各放上 4 顆藍莓。切割位置的藍莓，只要盡可能挑選較大顆粒，就能製作出漂亮的剖面。

覆盆子起司蛋糕三明治

搭配覆盆子的食材，居然是起司蛋糕！既可以充分享受覆盆子的酸甜滋味，同時又充滿趣味的組合。如果把起司蛋糕換成法式巧克力蛋糕，或是餅乾碎，也會有大不同的美味。

材料（1份）

方形吐司（10片切）……2片
覆盆子醬（參考p.31）……20g
烘焙起司蛋糕（市售品／厚度10㎜的切片）……40g
馬斯卡彭起司＆鮮奶油（參考p.41）……40g（15g＋25g）
覆盆子……9顆

製作方法

1. 在方形吐司的單面抹上覆盆子醬。
2. 把烘焙起司蛋糕放在 1 的吐司上面。進一步把裝進擠花袋的馬斯卡彭起司＆鮮奶油15g擠在上方。
3. 參考照片，把覆盆子排放在 2 的吐司上面。切割位置的8顆覆盆子，選擇尺寸較大的覆盆子，同時讓中央的孔洞方向與切割位置呈現垂直。剩下的1顆覆盆子切成3塊，排列在兩排覆盆子之間。
4. 在另一片方形吐司抹上25g的馬斯卡彭起司＆鮮奶油，和 3 的吐司合併。
5. 切掉吐司邊，切成3等分。

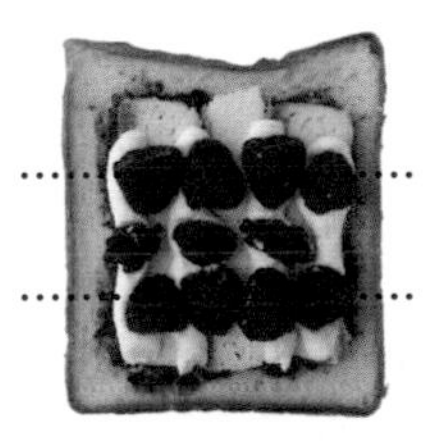

莓果 ╳ 貝果

改變麵包！

藍莓和奶油起司的貝果三明治

貝果、藍莓和奶油起司是非常正統的經典組合。夾在 Q 彈貝果和濃郁奶油起司之間的新鮮藍莓，在嘴裡爆開的酸甜滋味，非常值得推薦。

材料（1 份）

貝果（原味）※……1 個（100g）
藍莓醬 & 奶油起司（參考 p.33）
……80g（40g+40g）
藍莓……20 顆

※ 若是換成添加藍莓果乾的貝果，就能更添風味。

製作方法

1. 貝果從側面切成對半。
2. 分別把 40g 的藍莓醬 & 奶油起司，塗抹在 **1** 的貝果剖面。
3. 把藍莓排放在 **2** 的下層貝果，和上層貝果合併後，切成對半。

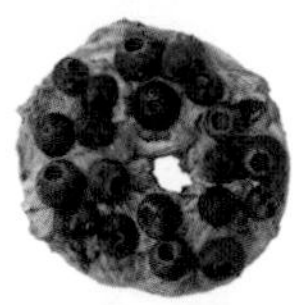

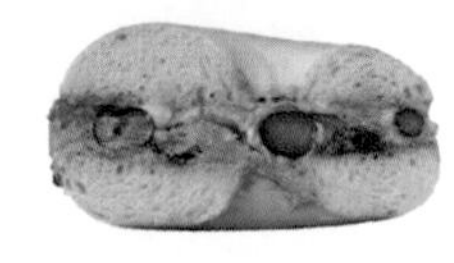

巧克力覆盆子長棍麵包

長棍麵包夾上巧克力的三明治是法國孩童的經典甜點。只要抹上奶油，再進一步搭配覆盆子醬，就能蛻變成成人的甜點。牛奶巧克力能製作出溫和味道，苦味巧克力則能製作出成熟的大人風味。

材料（1 份）

長棍麵包……1/3 條（80g）
無鹽奶油……8g
巧克力片……40g
覆盆子醬（參考 p.31）……25g
開心果（Super Green）……2g

製作方法

1. 長棍麵包從側面切出切口，內側抹上無鹽奶油。
2. 把切成適當大小的巧克力片夾進長棍麵包，上面再淋上覆盆子醬。
3. 最後撒上切成碎粒的開心果。

＊也可以用長棍麵包夾上覆盆子巧克力醬（參考 p.49）。

日式組合 草莓 ╳ 吐司＋ 日式食材

草莓大福風味甜點三明治

把經典的草莓三明治改造成日式風格，享受軟Q的求肥餅皮口感。絕妙的組合，也非常適合搭配咖啡或茶。就算只有少量的草莓，仍然有絕佳的滿足度，男女老幼都喜歡的美味。除了草莓之外，也可以試著挑戰其他的水果。

材料（1份）

方形吐司（10片切）……2片
顆粒豆沙……40g
求肥餅皮（業務用冷凍品）※
……1/3片（10g）
馬斯卡彭起司＆鮮奶油（參考p.41）
……40g（15g+25g）
草莓……3顆

※也可以用市售涮涮鍋用的薄片麻糬代替。用600W的微波爐加熱30秒，軟化後使用。

製作方法

1. 在方形吐司的單面抹上顆粒豆沙，鋪上解凍的求肥餅皮。
2. 在**1**的吐司上面抹上15g的馬斯卡彭起司＆鮮奶油，參考照片，放上縱切成對半的草莓。
3. 在另一片方形吐司抹上25g的馬斯卡彭起司＆鮮奶油，和**2**的吐司合併。
4. 切掉吐司邊，切成3等分。

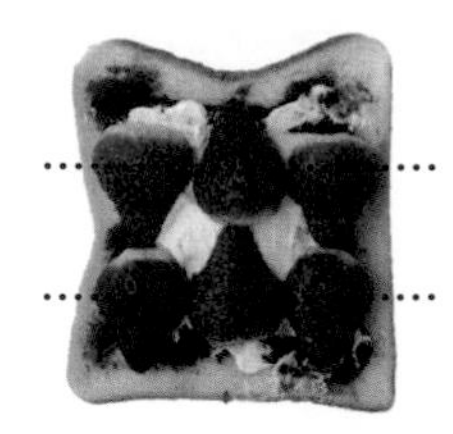

杏桃豆沙甜點三明治

酸甜滋味的杏桃和白豆沙是非常速配的組合。罐頭杏桃加上杏桃醬，讓杏桃的香氣和風味更加鮮明。和帶有芝麻香氣的馬斯卡彭芝麻奶油醬的搭配也非常絕妙，既懷舊又新穎的全新美味。

材料（1份）

方形吐司（10片切）……2片
白豆沙……50g
求肥餅皮（業務用冷凍品）※
……1/3片（10g）
杏桃罐頭……4個
杏桃醬（參考 p.26～27）……15g
馬斯卡彭芝麻奶油醬（參考 p.46）
……25g
白芝麻粉……少許

※也可以用市售涮涮鍋用的薄片麻糬代替。用600W的微波爐加熱30秒，軟化後使用。

製作方法

1. 在方形吐司的單面抹上白豆沙，鋪上解凍的求肥餅皮。
2. 參考照片，把杏桃（罐頭）放在 **1** 的吐司上面，在杏桃（罐頭）之間淋上杏桃醬。
3. 在另一片方形吐司抹上馬斯卡彭芝麻奶油醬，和 **2** 的吐司合併。
4. 切掉吐司邊，切成3等分。完成後，撒上白芝麻粉。

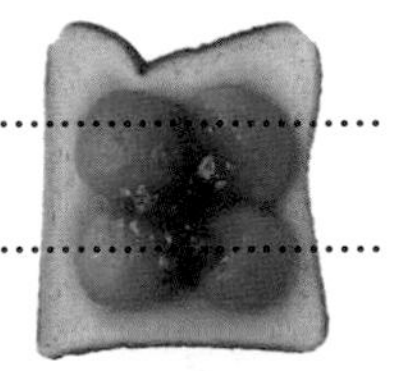

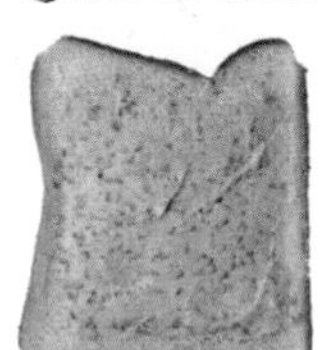

03

放在麵包上面的水果

柳橙 × 吐司 + 先烤後抹

烤得酥脆的吐司，抹上奶油和大量的柑橘醬，便是英國的經典早餐。柑橘醬的微苦和甜、奶油的乳香，再加上烤吐司的香氣，形成絕對的搭配，就算每天吃也不會膩。若要製作成英式風格，吐司就要採用薄切。「輕薄、酥脆」正是其魅力所在。

柑橘醬 & 奶油吐司

材料（1 盤份）

山形吐司（10 片切）※……1 片
無鹽奶油 ※※……適量
柳橙柑橘醬……適量

※ 希望品嚐英式風味的話，就要選擇低糖油配方的吐司，而非高糖油成份配方。
※※ 麵包本身有鹹味，所以無鹽奶油、柑橘醬和麵包的組合，才能夠實現甜鹹均衡的完美味道。希望享受味道對比時，也可以改用有鹽奶油。

製作方法

1. 把山形吐司烤一下。
2. 在 **1** 的吐司抹上無鹽奶油，接著再抹上柳橙柑橘醬。

＊這裡使用的是柑橘柳橙醬。本書有介紹文旦柑橘醬（參考 p.29）的製作方法。也可以搭配柳橙或夏橙等，個人偏愛的水果。

覆盆子 ╳ 長棍麵包

說到法國的早餐，當然就是所謂的抹醬麵包（tartine）。所謂的抹醬麵包是塗抹（tartiner）這個動詞的名詞形，意指在麵包上面塗抹果醬或奶油。之所以把長棍麵包橫切成對半，是因為麵包芯（麵包裡面）裡面有很多氣孔。這樣一來，麵包皮（麵包的外皮）就會形成底盤，就能盛接大量的奶油和果醬。奶油或果醬顆粒會隨機流進氣孔裡面，就可以享受到每一口都不相同的美味變化，這便是箇中的魅力所在。正因為是低糖油配方的麵包，才能夠盡情地搭配大量的美味奶油和果醬。

覆盆子醬的抹醬麵包

材料（1 盤份）

長棍麵包……1/3 條
無鹽發酵奶油……適量
覆盆子醬（參考 p.31）※……適量

※ 果醬可依個人喜好。可以搭配多種口味，也可以搭配巧克力或蜂蜜。

製作方法

1. 長棍麵包橫切成對半。
2. 在 **1** 的長棍麵包抹上無鹽發酵奶油，接著再抹上覆盆子醬。

＊日本的奶油是以非發酵奶油為主流，但法國的奶油，基本上都是以發酵奶油為主。發酵奶油可以感受到乳酸發酵所產生的隱約酸味，風味十分豐富。如果希望享受正統的美味長棍麵包，就要選擇優質的奶油。

香蕉、杏仁 ╳ 全麥吐司＋ 先烤後抹

美國有好幾種搭配香蕉和花生奶油的三明治種類，這裡則是把花生奶油換成杏仁奶油，同時搭配藍紋起司，製作成味道較成熟的烤吐司風味。黏糊的香蕉口感和香甜，和鹹味強烈的藍紋起司相當速配，再混合杏仁的香氣和濃郁，讓味道更顯層次。比起原味吐司，個性強烈的食材更適合搭配樸素的全麥吐司。

香蕉、藍紋起司的杏仁奶油全麥吐司

材料（1 盤份）

全麥麵包（8 片切）……1 片
杏仁奶油（參考 p.49）……40g
香蕉……1 條
藍紋起司※……10g
蜂蜜……10g
杏仁片（烘烤）……2g

※ 這裡使用的是奧弗涅藍起司。古岡左拉起司、昂貝爾起司等，味道溫和的藍紋起司比較適合。

製作方法

1. 在全麥吐司抹上杏仁奶油。
2. 香蕉切片後，排放在 1 的吐司上面。
3. 在香蕉上面排放切成小塊的藍紋起司，放進烤箱烤至起司融化。
4. 最後再淋上蜂蜜，撒上壓碎的杏仁片。

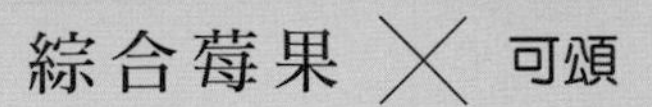

綜合莓果 ╳ 可頌

可頌和抹醬麵包同樣都是法國的經典早餐。法國的主流吃法是，把麵包浸泡在咖啡牛奶裡面享用，不過，和長棍麵包相比，含有大量奶油、成份偏向高糖油的可頌算是比較高級的，所以法國的一般家庭並非每天早餐都能享用，通常都是把可頌當成週末的特別餐點居多。搭配奶油醬、果醬以及新鮮莓果的抹醬可頌，絕對奢華。非常適合當成週末的早午餐。

綜合莓果和覆盆子醬的抹醬可頌

材料（1盤份）

可頌……1個（42g）
馬斯卡彭起司＆鮮奶油（參考 p.41）……45g
覆盆子醬（參考 p.31）……20g
草莓……1顆
覆盆子……3顆
藍莓……5顆
開心果（Super Green）……少許

製作方法

1. 可頌橫切成對半。
2. 在**1**的可頌的底層抹上馬斯卡彭起司＆鮮奶油，鋪上覆盆子醬。
3. 把覆盆子、藍莓、切片的草莓都排放在**2**的可頌上面，撒上切成碎粒的開心果。
4. 隨附上層的可頌，一邊把鋪在底層的奶油醬、果醬和水果抹在可頌上面，一邊享用。

無花果 ╳ 柏林鄉村麵包 先烤後抹

味道濃郁的裸麥麵包，抹上混入芝麻和蜂蜜的馬斯卡彭芝麻奶油醬，再搭配上切片的無花果。無花果簡樸的甜味，非常適合搭配奶油醬。有種似曾相識的懷舊風味，裸麥和芝麻的香氣，隨著咀嚼，逐漸在嘴裡擴散。

無花果與馬斯卡彭芝麻奶油醬的抹醬麵包

材料（1盤份）

柏林鄉村麵包（厚度10㎜的切片）※
……1片（25g）
馬斯卡彭芝麻奶油醬（參考p.46）
……30g
無花果（小）※※……2個
蜂蜜……適量

※柏林鄉村麵包是裸麥麵粉比例較高的德國麵包。酸酵頭的獨特酸味非常濃厚，建議切成薄片。也可以用其他容易購買的裸麥麵包或鄉村麵包代替。
※※這裡使用的是小顆的Black Mission（加州產的黑無花果）。

製作方法

1. 柏林鄉村麵包稍微烤一下。
2. 把1的柏林鄉村麵包斜切成對半，在單面塗抹上馬斯卡彭芝麻奶油醬，放上切成片的無花果。
3. 依個人喜好，淋上蜂蜜享用。

蘋果 ╳ 坎帕涅麵包

誕生自法國諾曼第地區的白黴起司「卡芒貝爾乳酪」，非常適合搭配同屬諾曼第特產品的蘋果。這裡就直接搭配蘋果片，品嚐蘋果的新鮮香氣和口感吧！味道濃郁的起司風味和清爽的蘋果味道，形成絕妙對比，覆盆子醬和核桃的香味成為重點，讓餘韻更顯美味。適合搭配紅酒，成人風味的抹醬麵包。

蘋果與卡芒貝爾乳酪的抹醬麵包

材料（1 盤份）

坎帕涅麵包（厚度 12㎜ 的切片）
……1 片（24g）
無鹽奶油……8g
火腿……15g
蘋果※……厚度 5㎜ 的帶皮半月切片 3 片
卡芒貝爾乳酪（法國產）
……1/8 個（250g / 個）
覆盆子醬（參考 p.31）……20g
核桃（烘烤）……3g

※ 這裡使用紅玉蘋果。鮮明的酸味和清脆口感，非常適合麵包。

製作方法

1. 在坎帕涅麵包抹上無鹽奶油，放上火腿。
2. 把蘋果和切成 3 等分的卡芒貝爾乳酪相互交疊在 **1** 的坎帕涅麵包上面。
3. 最後再淋上覆盆子醬，撒上切成碎粒的核桃。

綜合堅果 × 長棍麵包

蜜漬堅果的做法很簡單，只要把堅果和蜂蜜加以混拌就可以了。堅果的濃郁香氣和蜂蜜的甘甜調和之後，就成了吃過一次就很難忘懷的美味。雖說直接搭配麵包就很好吃，不過，如果再加上奶油，美味就會更加進化。奶油建議在冷凍狀態下切片，直接鋪在麵包上面。

蜜漬綜合堅果的抹醬麵包

材料（1盤份）

長棍麵包……厚度12㎜的斜切片3片
無鹽奶油……18g（6g×3片）
蜜漬綜合堅果（參考p.19）……90g

製作方法

1. 把薄切成片的無鹽奶油，放在長棍麵包上面。
2. 將蜜漬綜合堅果鋪在1的長棍麵包上面。

美國櫻桃 ╳ 坎帕涅麵包

用義大利香醋浸漬的美國櫻桃，會在濃醇的甘甜當中，產生微酸的豐富風味。清爽的茅屋起司讓美國櫻桃的味道變得更加鮮明，讓味道與麵包更加契合。蜂蜜不光只是增添甜味，其濃稠的黏膩感也能把美國櫻桃、茅屋起司和麵包串連起來。最後再用黑胡椒提味，讓整體的味道更顯紮實。

美國櫻桃和茅屋起司的抹醬麵包

材料（1 盤份）

坎帕涅麵包（厚度 10㎜ 的切片）
……1 片（40g）
茅屋起司……36g
美國櫻桃（去籽，切片成 3 等分）……45g
義大利香醋……1 小匙
蜂蜜……適量
黑胡椒（粗粒）……少許

製作方法

1. 美國櫻桃淋上義大利香醋，讓整體充份吸收。
2. 坎帕涅麵包斜切成對半，抹上茅屋起司。
3. 把 **1** 的美國櫻桃排放在 **2** 的茅屋起司上面，淋上蜂蜜。最後再撒上黑胡椒。

美國櫻桃用義大利西香醋稍微浸漬，味道變得更加鮮明。

栗子 ╳ 坎帕涅麵包 先烤後抹

鬆軟的栗子香甜和用黑胡椒提味的瑞可塔起司非常速配。每一口都十分濃郁。美味程度完全無法單憑簡單外觀想像。坎帕涅麵包烤過之後，麵包香氣就能與栗子的香氣相互呼應。瑞可塔奶油醬不光只有蜂蜜的甜蜜，同時還添加了鹽巴，讓味道更顯紮實，讓整體的味道更加協調。

糖煮澀皮栗子和瑞可塔的抹醬麵包

材料（1盤份）

坎帕涅麵包（厚度12㎜的切片）
……1片（40g）
瑞可塔奶油醬（參考p.46）……35g
糖煮澀皮栗子（參考p.38～39）
……1個（30g）
黑胡椒（粗粒）……少許

製作方法

1. 坎帕涅麵包稍微烤一下。
2. 把瑞可塔奶油醬抹在**1**的坎帕涅麵包，放上切成碎粒的糖煮澀皮栗子。最後再撒上黑胡椒。

檸檬 × 英式烤餅

有著軟 Q 口感的英式烤餅，鋪上大量清爽的檸檬蛋黃奶油醬。進一步用檸檬皮增添香氣。雞蛋和奶油十分濃郁，儘管簡單，卻十分滿足。適合搭配香氣十足的紅茶。

英式烤餅和檸檬雞蛋奶油醬

材料（1 盤份）

英式烤餅……1 片
檸檬蛋黃奶油醬（參考 p.44 ～ 45）……適量
檸檬皮（磨成細屑）……少許

製作方法

1. 把英式烤餅烤一下。
2. 把檸檬蛋黃奶油醬鋪在 **1** 的英式烤餅上面，撒上檸檬皮。

＊英式烤餅（Crumpet）是英國當地常見，用發酵麵團製作，宛如鬆餅般的輕食麵包。特色是不甜，口感 Q 彈。因為除了酵母，同時還添加了泡打粉，所以表面有無數的氣孔。通常是烤過之後，搭配奶油、蜂蜜或果醬食用。

酪梨 ╳ 裸麥吐司 先烤後抹

近年來，越來越受歡迎的酪梨吐司，建議搭配裸麥吐司。烤過之後，不僅能增添香氣，還能凸顯簡單酪梨醬的新鮮風味。雖說也可以使用酪梨切片，不過，把酪梨製成膏狀，就能更容易食用，同時也能與吐司更加融合。主要的關鍵就是把酪梨粗略搗碎，然後再灑點鹽巴提味。

酪梨吐司

材料（1 盤份）

裸麥麵包（12 片切）……1 片
酪梨醬 ※……1 單位份量
紅椒（粗粒）……少許

※ 酪梨醬（容易製作的份量）
酪梨 130g 用叉子搗碎，和萊姆汁 10g、E.V. 橄欖油 10g 混拌，再用鹽巴、白胡椒調味。

製作方法

1. 把裸麥吐司烤一下。
2. 把酪梨醬抹在 **1** 的裸麥麵包上面，沿著對角線切成 4 等分。最後再撒上紅椒。

鳳梨 ╳ 全麥吐司 先烤後抹

吐司搭配新鮮水果之後，會因為口感差異而使新鮮感變得更加鮮明，另一方面，如果搭配烤過的水果，麵包和水果各自的香氣就會進一步結合，形成更強烈的味道。把烤鳳梨和培根放在一起，享受甜味和鹹味的對比吧！把味道強烈的主食材和麵包結合在一起的是，清爽的瑞可塔奶油醬。最後再利用黑胡椒和薄荷，讓味道更加紮實。

烤鳳梨培根吐司

材料（1盤份）

全麥吐司（8片切）……1片
瑞可塔奶油醬（參考 p.46）……50g
鳳梨（參考 p.25 切法 6）
……厚度 8㎜ 的切片 1 片
培根……1片
黑胡椒（粗粒）……少許
薄荷葉……少許

製作方法

1. 培根用平底鍋香煎後，切成 6 等分。
2. 鳳梨切成 6 等分後，用平底鍋將兩面香煎上色。
3. 把全麥吐司烤一下，切成對半。
4. 把瑞可塔奶油醬抹在 **3** 的全麥麵包，交錯放上 **1** 的培根和 **2** 的鳳梨。最後再撒上黑胡椒和撕成小塊的薄荷葉。

04

混進 麵包 裡面的水果

莓果 ╳ 吐司

夏日布丁

「夏日布丁（Summer pudding）」是英國的傳統甜點，正如其名，這就是夏天的甜點。只要用砂糖熬煮大量的莓果，連同果汁一起倒進鋪好吐司的模型裡面，再進一步冷卻凝固，就大功告成了。通常都是用調理盆製作成圓頂狀，不過，基於易食用性，這裡則是製作成1人份的尺寸。傳統的做法是用大量的砂糖熬煮，製作出濃稠後再加以冷卻凝固，不過，為了控制甜度，這裡的食譜稍微做了改良，選擇添加明膠的方式。吸滿果汁的麵包果然十分美味，因為非常順口，所以非常適合在炎炎夏日品嚐。除了當作甜點之外，也可以當成夏天的早餐喔！

材料（200mℓ 的玻璃杯 2 個份量）

方形吐司（6 片切）……3 片
冷凍綜合莓果……250g
蜂蜜……80g
葡萄汁（100%果汁）……100mℓ
檸檬汁……1 小匙
明膠片……5g
〈頂飾〉
馬斯卡彭起司 & 鮮奶油（參考 p.41）
……70g
藍莓、覆盆子……各 6 顆
薄荷……少許

※ 若是把葡萄汁換成紅酒，就能製作出適合大人的成熟風味。當成早餐就用果汁，如果當成晚上的甜點，就用紅酒，也可以像這樣，依照情況加以區分使用。

製作方法

1 把明膠片放進冰水裡面浸泡，避免重疊，讓每片都能浸泡到大量冰水。

2 把冷凍莓果、蜂蜜、葡萄汁、檸檬汁放進鍋裡，用中火烹煮。

3 煮沸後，撈除浮渣。

4 把 **1** 的明膠片擠乾後，放進鍋裡。

5 關火，一邊攪拌，讓明膠片融化。

6 用切模把方形吐司壓切成圓形。

7 依照玻璃杯的底部、中央、上面的尺寸，每個玻璃杯各準備 3 片吐司。

8 把 **7** 的吐司放進 **5** 裡面浸泡，讓吐司吸滿果汁。

9 把 1 片 **8** 的吐司放進玻璃杯底部，把 **5** 倒入約至 2/5 的高度，然後再放進 1 片 **8** 的吐司。

10 把大量的 **5** 倒入，將最後 1 片 **8** 的吐司放在最上方。

11 稍微按壓，讓上方呈現平坦，蓋上保鮮膜，放進冰箱冷卻凝固。脫模後，將馬斯卡彭起司 & 鮮奶油鋪在上方，再裝飾上藍莓、覆盆子和薄荷。

柳橙 ╳ 巴塔

巴塔和柳橙的夏日水果布丁

吸入大量柳橙汁的巴塔，風味清爽，柔滑順口，非常適合當成夏日的早餐。不需要用火，就能製作簡單的這一點也是其魅力所在。若是當成早餐的話，只要在睡前浸泡就可以了。除了冰淇淋之外，也可以搭配鮮奶油或瀝乾的優格。甜度可利用上桌前的蜂蜜進行調整。

材料（1 盤份）

巴塔（厚度 30㎜ 的切片）……3 片（25g×3）
柳橙汁（100%果汁）……180㎖
香草冰淇淋……120g
柳橙（參考 p.21 切法 7）……3 瓣
蜂蜜……適量
糖漬橙皮 ※……少許
開心果……少許

製作方法

1. 把巴塔放進調理盤，淋上柳橙汁，淹過整體。放進冰箱內冷卻，讓巴塔確實吸滿柳橙汁。

2. 把 **1** 的巴塔放在盤子上，放上香草冰淇淋和柳橙。最後再放上切碎的開心果和糖漬橙皮。依個人喜好，淋上蜂蜜享用。

※ 糖漬橙皮
（容易製作的份量）
準備 1 顆柳橙份量的柳橙皮，把白瓤削除，切絲。用鍋子把水煮沸，焯水 3 次，用濾網撈起來。把水 100㎖和精白砂糖 60g 放進鍋裡，開火加熱。精白砂糖融化後，放進橙皮，用小火熬煮。

無花果 × 布里歐麵包

無花果的夏日水果布丁

連同糖漬無花果的糖漿一併使用的夏日水果布丁，是帶有紅酒味的成熟風味。只要用布里歐麵包製作，就能享受奢華味道。不同於經典夏日水果布丁的裝盤風格，讓水果本身更具存在感。也可以換成當季水果，製作出四季不同變化的布丁。

材料（1 盤份）

布里歐麵包（40㎜ 的方塊）……40g
糖漬無花果（參考 p.36）的糖漿
……100mℓ
糖漬無花果（參考 p.36）……70g
卡士達醬（參考 p.42～43）……35g
馬斯卡彭起司 & 鮮奶油（參考 p.41）
……20g
杏仁片（烘烤）……少許
開心果（Super Green）……少許

製作方法

1. 把布里歐麵包放進調理盤，淋上糖漬無花果的糖漿，淹過整體。放進冰箱內冷卻，讓布里歐麵包確實吸滿糖漿。

2. 把 **1** 的布里歐放在盤子上，把馬斯卡彭起司 & 鮮奶油放進裝有圓形花嘴的擠花袋，將馬斯卡彭起司 & 鮮奶油擠在上方。把切成對半的糖漬無花果放在上方，最後放上杏仁片和切成碎粒的開心果。

布里歐麵包切成一口大小，更容易吸入糖漿，也會更容易食用。

栗子 ╳ 布里歐麵包

栗子蘭姆巴巴

法國的發酵甜點中，特別受歡迎的蘭姆巴巴（baba），讓添加了葡萄乾的發酵麵團，吸滿添加了蘭姆酒或櫻桃酒的糖漿。據說蘭姆巴巴的由來是，因為洛林地區的名產咕咕洛夫（Kougelhof）有點乾柴，所以人們都會先淋上蘭姆酒再享用。巧妙運用糖煮澀皮栗子和糖漿的蘭姆巴巴是，結合了栗子風味和蘭姆酒香的成人風味。雖然只添加一種食材，卻能充分表現出季節感。

材料（1 盤份）

蘭姆巴巴（也可以用僧侶布里歐代替）
……1 個（60g）
糖煮澀皮栗子……1 個
栗子糖漿※……適量
馬斯卡彭起司 & 鮮奶油（參考 p.41）
……40g

※ 栗子糖漿
把糖煮澀皮栗子的糖漿 100㎖煮沸，加入 1 大匙蘭姆酒。如果糖漿的甜度不夠，就利用精白砂糖加以調整。

製作方法

1. 把栗子糖漿加熱至 30 ～ 35℃，放進蘭姆巴巴浸泡。偶爾翻面，讓整體充分吸滿糖漿。放在鋪了網架的調理盤上面，瀝掉多餘的糖漿。

2. 把 **1** 的蘭姆巴巴放在盤子上，把馬斯卡彭起司 & 鮮奶油放進裝有圓形花嘴的擠花袋，並擠在上方。把糖煮澀皮栗子切成對半，半顆直接使用，另外半顆則切成小塊，放在鮮奶油上面。

※ 通常，蘭姆巴巴都是添加葡萄乾的軟木塞造型，而薩瓦蘭蛋糕則是把原味麵團倒進環狀模型內烘烤製成，不過，蘭姆巴巴並沒有十分明確的規定。由於蘭姆巴巴的麵團比一般的布里歐麵團更軟，所以多半都是裝進擠花袋裡面製作。若是在麵包坊製作的話，也可以用現成的布里歐麵團代替使用。若是一般家庭的話，只要使用市售的僧侶布里歐或圓形的布里歐麵包，就可以簡單製作。

蜜桃梅爾芭風格的薩瓦蘭蛋糕

與蘭姆巴巴同樣受歡迎的薩瓦蘭蛋糕（savarin），製作的靈感來自於蘭姆巴巴。據說當初美食家取的名字是「布里亞—薩瓦蘭」，之後便被省略，變成了「薩瓦蘭」。運用黃金桃罐頭和糖漿的薩瓦蘭蛋糕，搭配覆盆子，製作成蜜桃梅爾芭風格。不僅顏色鮮艷，味道也非常奢華。搭配冰淇淋也非常美味。

材料（1 盤份）

薩瓦蘭蛋糕（也可以用僧侶布里歐代替）……1 個（60g）
黃金桃罐頭（切半）……1/2 塊
黃金桃糖漿……適量
覆盆子醬……20g
馬斯卡彭起司 & 鮮奶油（參考 p.41）……40g
杏仁片（烘烤）……3g
（如果有）覆盆子……3 顆

※ 黃金桃糖漿（容易製作的份量）
把黃金桃罐頭的糖漿 100mℓ 煮沸，加入 1 大匙櫻桃酒。如果糖漿的甜度不夠，就利用精白砂糖加以調整。

製作方法

1. 把黃金桃糖漿加熱至 30 ～ 35℃，放進薩瓦蘭蛋糕浸泡。偶爾翻面，讓整體充分吸滿糖漿。放在鋪了網架的調理盤上面，瀝掉多餘的糖漿。

2. 把 **1** 的薩瓦蘭蛋糕放在盤子上，將覆盆子醬裝進薩瓦蘭蛋糕上面的窟窿。附上切片的黃金桃（罐頭）。把馬斯卡彭起司 & 鮮奶油放進裝有圓形花嘴的擠花袋，並擠在上方。最後放上覆盆子和杏仁片。

＊薩瓦蘭蛋糕和蘭姆巴巴的麵團製作方法（容易製作的份量）

把高筋麵粉 200g、雞蛋 2 顆（100g）、牛乳 100 mℓ、精白砂糖 25g、鹽巴 4g、速發乾酵母 8g 充分混拌。麵團整成團後，逐次加入無鹽奶油（隔水加熱融解，在常溫下放置冷卻）70g，攪拌混合成團。若是製作蘭姆巴巴的話，就進一步加入葡萄乾 70g。在 35℃靜置 30 分鐘，進行一次發酵後，放進裝有圓形花嘴的擠花袋，擠進模型裡面。以 35℃各 15 分鐘，發酵至模型的八成程度。用預熱至 200℃的烤箱烤至焦黃色。

05

水果是知名配角

世界的三明治

France
火腿起司佐芒果芥末
Jambon fromage et moutarde à la mangue

法語 Jambon 是指火腿，fromage 則是起司。經典的火腿起司都是使用硬質起司，但如果搭配乳香的白黴起司，美味就會更上一層。和水果味道的芒果芥末組合，格外耳目一新。

Italy
甜瓜火腿帕尼尼

Panino con melone prosciutto

生火腿和水果的組合是十分經典的開胃菜。其中就屬甜瓜的組合最受歡迎。在夾上芝麻菜的簡單帕尼尼裡面，加上開胃菜的要素，夾上了大量的甜瓜。紅肉甜瓜的香甜和濃郁，非常適合搭配生火腿。橄欖油的香氣和佛卡夏的口感，讓食材的協調性變得更鮮明。利用紅椒的微辣提味，讓味道更紮實。

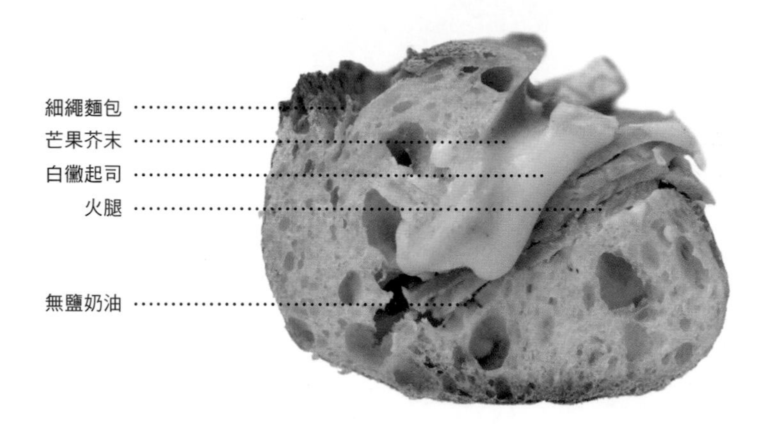

火腿起司佐芒果芥末

材料（1條）

細繩麵包……1條（110g）
無鹽奶油……14g
火腿……40g
白黴起司※……30g
芒果芥末（參考p.33）……15g

※布里起司、卡芒貝爾乳酪等容易購買的白黴起司都可以。這裡使用的是庫洛米耶起司。

製作方法

1. 細繩麵包從側面切出切口，內側抹上無鹽奶油。
2. 依序把火腿、切好的白黴起司、芒果芥末夾進 **1** 的麵包裡面。

法國的火腿起司三明治都是用長棍麵包製作，不過，這裡使用的是細繩麵包。因為外型細長，所以就算夾上大量的火腿和起司，也很容易吃。

甜瓜火腿帕尼尼

材料（1 組）

佛卡夏……1 片（120g）
E.V. 橄欖油……10mℓ
生火腿（帕爾瑪火腿）……1 片
紅肉類甜瓜（梳形切 / 參考 p.22 切法 9）
……42g
芝麻菜……4g
紅椒（粗粒）……少許

製作方法

1. 佛卡夏從側面切成對半，在底層的切割面淋上一半份量的 E.V. 橄欖油。
2. 依序把生火腿、芝麻菜、薄切的甜瓜片放在 **1** 的麵包上面，淋上剩下的 E.V. 橄欖油，撒上紅椒後，夾起來。

甜瓜生火腿沙拉

也可以把和帕尼尼相同的材料組合製作成沙拉。先把甜瓜、生火腿（帕爾瑪火腿）和芝麻菜裝盤，再淋上甜瓜醬※即可。因為醬汁裡面混入麵包，所以就會變得更加濃稠，就更容易裹上沙拉，變得更加美味。

※ 甜瓜醬（容易製作的份量）
甜瓜 100g、白酒醋 20mℓ、E.V. 橄欖油 80mℓ、麵包（佛卡夏或長棍麵包）15g，放進食物調理機攪拌至泥狀。用鹽巴、白胡椒調味。

Vietnam
豬肉鳳梨越南法國麵包

Bánh mì thịt lợn và dứa

法國殖民越南期間，傳入越南的麵包文化，至今仍是越南飲食文化中相當重要的一環。越南的麵包和法國的長棍麵包是截然不同的，正因為越南麵包的外皮較薄，且口感輕盈，才能夠夾上大量配料，不會有半點違和。亞洲風味的調味料組合，就是可以同時享受到甜、酸、辣等各種味道的均衡搭配。只要把水果當成調味料之一，就能讓組合更加多元。

Taiwan

花生奶油綜合三明治

花生醬口味綜合三明治

說到花生奶油三明治，往往是美國三明治比較令人印象深刻，但其實台灣的三明治也經常使用花生奶油。台灣知名三明治店的烤吐司標榜花生奶油的濃郁和香氣。蔬菜、培根或雞蛋等經典食材的組合，讓人感受到與眾不同的美味。

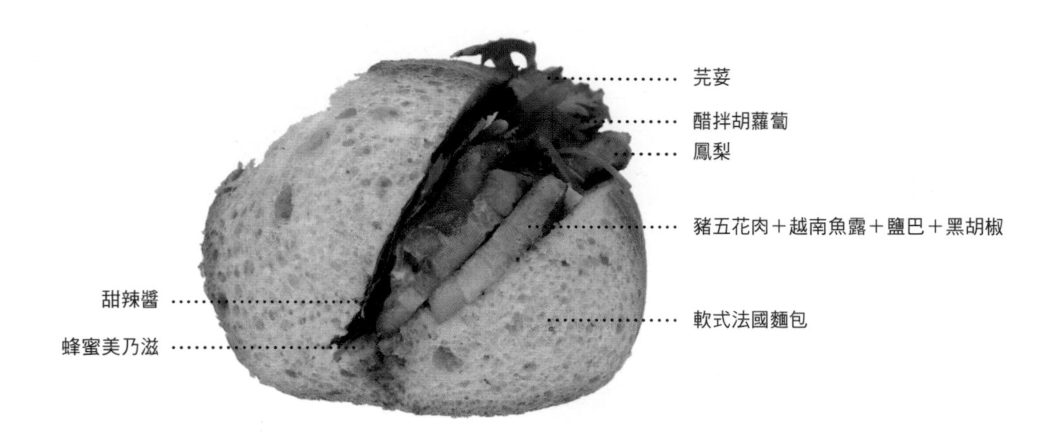

豬肉鳳梨越南法國麵包

材料（1 條）

軟式法國麵包……1 條（80g）
豬五花肉（烤肉用）……45g
越南魚露（也可以用魚露代替）……1 小匙
鳳梨（參考 p.25 切法 6）
……厚度 5㎜ 切片 1/2 片（15g）
蜂蜜美乃滋 ※……6g
甜辣醬……10g
醋拌胡蘿蔔 ※※……10g
芫荽（切段）……3g
花生……2g
鹽巴……少許
黑胡椒……少許

※ 蜂蜜美乃滋
以美乃滋：蜂蜜＝ 9：1 的比例混拌。

※※ 醋拌胡蘿蔔（容易製作的份量）
胡蘿蔔 100g 便籤切。放進米醋 30㎖、水 30㎖、蔗糖 15g、鹽巴 5g 混拌成的甜醋裡面浸漬。

製作方法

1. 豬五花肉撒上少許鹽巴，用平底鍋香煎兩面。最後淋上魚露，撒上黑胡椒。
2. 鳳梨切成 4 等分，用平底鍋把兩面煎至上色。
3. 軟式法國麵包把表面烤至酥脆程度，從側面切出切口，在內側抹上蜂蜜美乃滋。
4. 依序把 **1** 的豬五花、甜辣醬、**2** 的鳳梨、醋拌胡蘿蔔、芫荽、切成碎粒的花生夾進 **3** 的麵包裡。

越南法國麵包（Bánh mì）指的是越南的麵包，越南的三明治也稱為 Bánh mì。

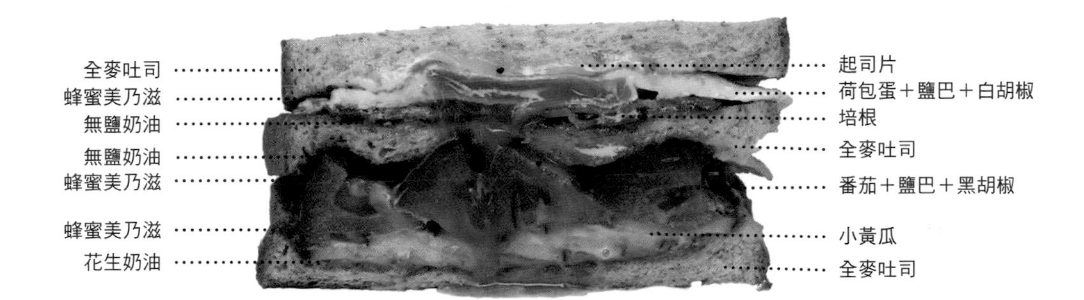

花生奶油綜合三明治

材料（1 組）

全麥吐司（8 片切）……3 片
花生奶油……25g
無鹽奶油……9g（3g×3）
小黃瓜（縱切成厚度 2㎜ 的薄片）……1/2 條（40g）
番茄（梳形切）……1/2 個（60g）
培根……2 片（20g）
雞蛋……1 個
起司片……1 片（20g）
蜂蜜美乃滋（參考 p.158）……6g（2g×3）
鹽巴……少許
黑胡椒……少許
白胡椒……少許

製作方法

1. 全麥麵包先烤過。
2. 用抹了沙拉油（份量外）的平底鍋把雞蛋煎成荷包蛋（雙面煎），撒上鹽巴、白胡椒調味。培根切成對半，香煎。
3. 把花生奶油抹在 **1** 的全麥麵包，鋪上小黃瓜。把裝進擠花袋的蜂蜜美乃滋 2g 擠在小黃瓜上面，放上切成 4 等分梳形切的番茄。番茄撒上少許的鹽巴和黑胡椒，擠上蜂蜜美乃滋 2g。用抹上無鹽奶油 3g 的全麥吐司夾起來。
4. 在 **3** 的吐司抹上無鹽奶油 3g，放上 **1** 的培根。擠上蜂蜜美乃滋 2g 後，放上 **1** 的荷包蛋和起司片。最後再把剩餘的無鹽奶油抹在全麥吐司上面，夾起來，切成對半。

U.S.A
檸檬奶油起司煙燻鮭魚貝果三明治
Lemon cream cheese and smoked salmon bagle sandwich

奶油起司和鮭魚是貝果三明治當中，最受歡迎的組合。貝果專賣店裡面有各種口味的奶油起司，供客人自由選擇搭配。混入鹽味檸檬的奶油起司，味道十分清爽，非常適合搭配鮭魚。再加上檸檬皮細屑和蒔蘿，就能產生更多香氣。

U.S.A
古巴三明治
Cuban sandwich

被視為古巴勞工日常伙食的三明治，最早起源於擁有許多古巴移民的邁阿密，之後便開始逐漸受到人們喜愛。用古巴麵包夾上古包風味的烤豬肉、火腿、起司、醃小黃瓜，確實壓扁後，煎至酥脆。這種烤豬肉的特色就是，先放進柑橘汁、香辛料、橄欖油製成的醃漬料裡面浸漬，這同時也是三明治的美味關鍵。

檸檬奶油起司煙燻鮭魚貝果三明治

材料（1 份）

原味貝果……1 個（100g）
奶油起司……100g
鹽漬檸檬※……15g
煙燻鮭魚……30g
蒔蘿（新鮮）……少許
檸檬皮（磨成細屑）……少許

※ 鹽漬檸檬
檸檬帶皮切成厚度 5㎜ 的薄片。和重量 12％的鹽巴混在一起，放進保存容器。份量不多的話，就裝進夾鏈袋裡面，把空氣排出後，放置一晚入味。若要保存的話，就放進冰箱冷藏。

製作方法

1. 鹽漬檸檬切成粗粒，混進奶油起司裡面。
2. 貝果橫切成對半，把 **1** 的一半份量塗抹在內側。
3. 在 **2** 的貝果下層鋪上煙燻鮭魚，放上蒔蘿和檸檬皮，夾起來。

貝果是先用熱水煮過再烘烤，所以有著 Q 彈、紮實的獨特口感。

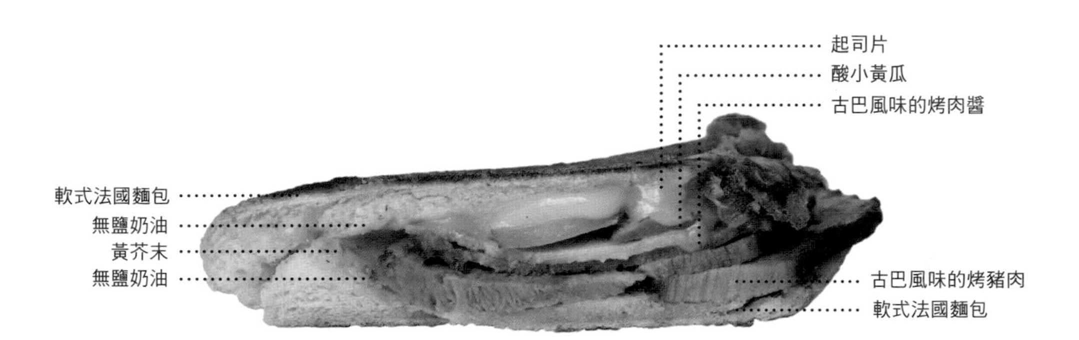

古巴三明治

材料（1 條）

軟式法國麵包……1 條（80g）
無鹽奶油……6g
黃芥末……5g
古巴風味烤豬肉 ※（切片）……70g
古巴風味烤豬肉醬 ※※……5g
火腿……切片 1 片（25g）
酸小黃瓜（蒔蘿風味的醃小黃瓜）……8g（1 個）
起司片（這裡使用的是拉可雷特起司）……35g

※ 古巴風味烤豬肉（容易製作的份量）
把 E.V. 橄欖油 100mℓ、柳橙汁（果汁 100%）100mℓ、萊姆榨汁（1 個）、芫荽 1/2 把（切成細末）、蒜泥（2 瓣）、孜然 1 小匙、鹽巴 1.5 小匙、牛至 1 小匙、辣椒粉 1 小匙、白胡椒少許混在一起，製作成醃漬液。把豬肩肉 1kg 放進醃漬液裡面，放進冰箱浸漬 2 ~ 3 天，讓味道充分入味（也可以放進夾鏈袋裡面，將袋內的空氣排出）。豬肉從醃漬液裡面取出之後，用平底鍋將整體煎煮上色後，放在調理盤上，用預熱至 160℃的烤箱烤 45 分鐘。
※※ 把浸漬液和滴在調理盤的煎煮湯汁混在一起，用鍋子熬煮至一半份量。

製作方法

1. 軟式法國麵包從側面切出切口，內側抹上無鹽奶油。上側進一步抹上黃芥末。
2. 依序把古巴風味烤豬肉、古巴風味烤肉醬、火腿、切片的酸小黃瓜、起司片夾進 **1** 的麵包裡面。
3. 把無鹽奶油（份量外）放進平底鍋，奶油融化後，放進 **2** 的麵包，一邊從上方強力按壓，一邊煎烤。產生焦黃色，表面呈現酥脆後，翻面煎烤，直到裡面的起司融化。

＊如果不使用平底鍋一邊按壓煎烤，也可以改用帕尼尼烤盤。

果香 & 香辛料的醃漬液可當成醬汁使用。只要和煎烤湯汁一起熬煮，就能增加稠度。

England
茶點三明治
Tea sandwiches

隨著下午茶習慣而出現的三明治，最大的特色就是小巧、輕薄的精緻感。切掉吐司邊的薄吐司搭配上相得益彰的高雅食材，以及讓麵包和食材融合在一起的優質奶油。正因為組合簡單，才能夠將素材發揮至最大極限，每次製作都能有新發現的三明治。除雞蛋、火腿、小黃瓜的基本配料外，也可以加上柑橘醬，增加一點水果要素，享受更與眾不同的下午茶時光。

Japan

芒果醬
厚切豬排三明治

マンゴーソースの厚切りとんかつサンド

大家喜歡的豬排三明治，最能夠引誘出豬排本身的豐富美味。如果是自己親自動手做，就索性採用厚切。把帶有豐富油脂的肩胛肉分兩次酥炸，製作出多汁口感。味道的關鍵在於混入芒果醬的特製豬排醬。酸甜滋味引誘出豬肉本身的鮮美。

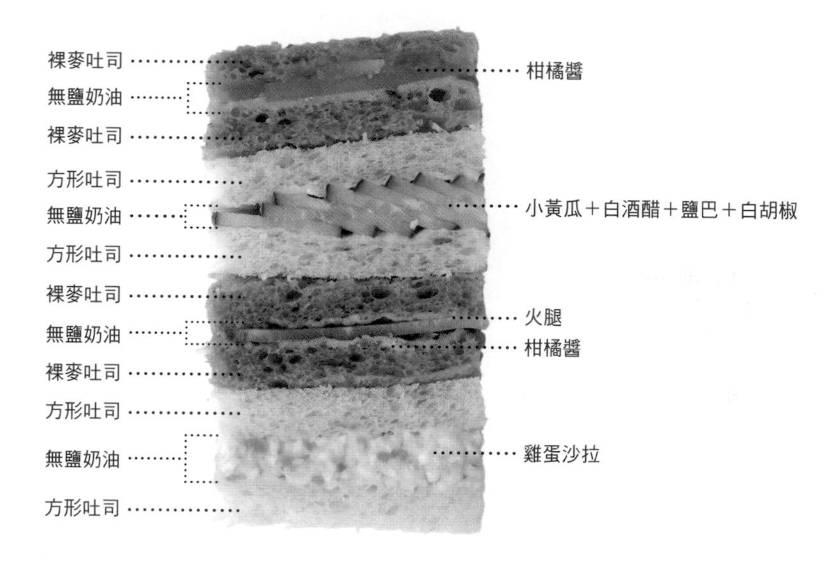

茶點三明治

材料（1組）

a. 雞蛋三明治
方形吐司（12片切）……2片
無鹽奶油……8g
雞蛋沙拉※……60g

b. 火腿三明治
裸麥吐司（12片切）……2片
無鹽奶油……8g
柑橘醬※※……15g
火腿……25g

c. 小黃瓜三明治
方形吐司（12片切）……2片
無鹽奶油……8g
小黃瓜（縱切成厚度2㎜的薄片）……1/2條（40g）
白酒醋……少許
鹽巴……少許
白胡椒……少許

d. 柑橘醬三明治
裸麥吐司（12片切）……2片
無鹽奶油……10g
柑橘醬※※……30g

※雞蛋沙拉（容易製作的份量）
把1顆水煮蛋切碎，用鹽巴、白胡椒調味後，和美乃滋10g混拌在一起。

※※柑橘醬
這裡使用的是文旦柑橘醬（p.29）。也可以使用柳橙柑橘醬等個人喜歡的柑橘醬。

製作方法

a. 製作雞蛋三明治。分別在方形吐司的單面抹上一半份量的無鹽奶油，夾上雞蛋沙拉。

b. 製作火腿三明治。分別在裸麥吐司的單面抹上一半份量的無鹽奶油，其中一片再重疊抹上柑橘醬。放上火腿，再用另一片吐司夾起來。

c. 製作小黃瓜三明治。把小黃瓜放進調理盤，撒上鹽巴、白胡椒，淋上白酒醋，醃漬10分鐘左右。分別在方形吐司的單面抹上一半份量的無鹽奶油，用廚房紙巾把小黃瓜的多餘水分吸乾後，再夾上小黃瓜。

d. 製作柑橘醬三明治。分別在裸麥吐司的單面抹上一半份量的無鹽奶油，另一片重疊抹上柑橘醬，將2片吐司合併。

最後加工
分別把雞蛋三明治、火腿三明治、小黃瓜三明治和柑橘醬三明治重疊起來，切掉吐司邊，再進一步切成6等分。

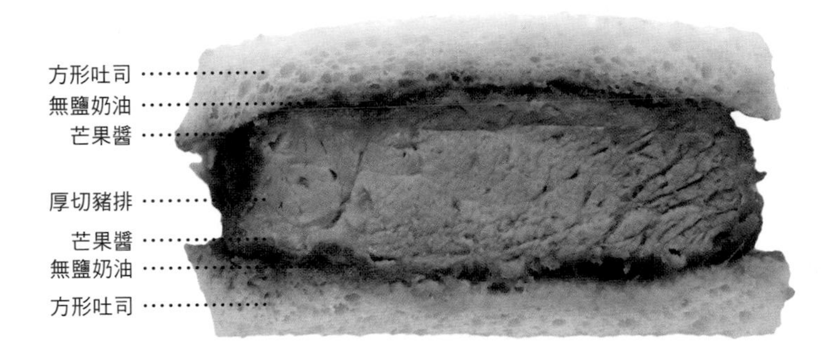

芒果醬厚切豬排三明治

材料（1 份）

方形吐司（8 片切）……2 片
無鹽奶油……6g
豬肩胛肉（厚切）……1 片（200g）
芒果醬（參考 p.33）……35g
麵包粉……適量
雞蛋……1/2 個
低筋麵粉……適量
沙拉油……適量
鹽巴……少許
白胡椒……少許

製作方法

1. 製作厚切豬排。用肉鎚捶打恢復至常溫的豬肩胛肉，斷筋之後，整體抹上鹽巴、白胡椒。全面抹上低筋麵粉，放進蛋液裡面浸泡，再沾上麵包粉。用 160℃的油鍋炸 7 分鐘。在鋪有鐵網的調理盤上面靜置 4 分鐘，然後再用 180℃的油鍋，分別將兩面油炸 1 分鐘。

2. 方形吐司先切掉吐司邊，在單面抹上無鹽奶油。

3. 在 **1** 的豬排兩面，抹上一半份量的芒果醬，再用 **2** 的吐司夾起來，切成 3 等分。

06

用適合搭配麵包的

水果入菜

世界料理

醋栗 & 核桃（左）

材料（容易製作的份量）

胡蘿蔔……150g
醋栗……15g
檸檬汁……1 大匙
E.V. 橄欖油……1 大匙
鹽巴……1/3 小匙
白胡椒……少許
核桃（烘烤）……適量

製作方法

1. 用起司刨絲器粗的部分把胡蘿蔔刨成絲。醋栗用熱水汆燙。
2. 把檸檬汁、鹽巴、白胡椒充分混合後，和 E.V. 橄欖油混合。
3. 把 **1** 的胡蘿蔔和 **2** 的醬料混拌在一起，放置 1 小時以上，讓整體入味。最後撒上切成碎粒的核桃。

芒果 & 優格（右上）

材料（容易製作的份量）

胡蘿蔔……150g
優格醬※……1 單位
芒果乾……15g
杜卡……少許

※ 優格醬（1 單位）
瀝乾水的優格 50g、E.V. 橄欖油 1 大匙、蒜泥少許、鹽巴 1/3 小匙、白胡椒少許混合在一起。

製作方法

1. 用起司刨絲器粗的部分把胡蘿蔔刨成絲。
2. 芒果乾切成細絲。
3. 把優格醬混進 **1** 的胡蘿蔔和 **2** 的芒果乾裡面，放置 1 小時以上，讓整體入味。最後再撒上杜卡。

柳橙（右）

材料（容易製作的份量）

胡蘿蔔……150g
柳橙汁……2 大匙
E.V. 橄欖油……2 大匙
鹽巴……1/3 小匙
白胡椒……少許
柳橙……1/2 個
巴西里……少許

製作方法

1. 用起司刨絲器粗的部分把胡蘿蔔刨成絲。
2. 柳橙去除果皮，取出果肉。
3. 把鹽巴、白胡椒放進柳橙汁，充分混拌後，加入 E.V. 橄欖油混拌。
4. 把 **1** 的胡蘿蔔、**2** 的柳橙果肉，放進 **3** 的醬汁裡面混拌，放置 1 小時以上，讓整體入味。最後再撒上切成絲的巴西里。

France

三種水果的涼拌胡蘿蔔絲

Carottes râpées aux 3 fruits

簡單的胡蘿蔔沙拉是法國的經典小菜。搭配水果之後，就能增添自然的甘甜與香氣，製作出果香般的風味。也非常推薦當成三明治的配料。
芒果＆優格（右上）所用的杜卡（dukkah）是中東發源的綜合香辛料，然後再混入烘烤過的堅果類、香辛料、芝麻、鹽巴等。這裡使用的是混入榛果、白芝麻、芫荽、孜然、辣椒、鹽巴的市售品，不過，也可以依個人喜歡的組合製作。

材料（容易製作的份量）
無花果※……5個
莫札瑞拉乳酪……1個
菊苣※※……8～10片
臘腸……4～6片
E.V. 橄欖油……適量
鹽巴……少許
黑胡椒……少許

※ 這裡使用日本國產品和進口品共3種無花果。使用品種：井陶芬1個、Black Mission（加州產黑無花果）2個、Florentine（義大利產白無花果）。
※※ 口感清脆，有著適當的微苦和溫和甜味。近年來，日本也開始栽培。也可以用特雷威索紅菊苣代替。

製作方法
1. 無花果切成對半。莫札瑞拉乳酪用手撕成一口大小。臘腸切成對半。
2. 把菊苣和 **1** 的食材隨機裝盤。在整體撒上鹽巴，淋上E.V. 橄欖油。最後，再撒上黑胡椒。

Italy

無花果、臘腸和莫札瑞拉乳酪沙拉

Insalata con fichi, salame e mozzarella

義大利的新鮮起司莫札瑞拉乳酪非常適合搭配新鮮水果，和當季水果組合的沙拉或前菜，都非常受歡迎。建議搭配黏稠、熟透的無花果，調製出成熟的味道。利用臘腸增添濃郁和鹽味，菊苣增添口感和微苦，創造出簡單的美味。

材料（2 人份）
糖漬美國櫻桃的糖漿※……100mℓ
鮮奶油（乳脂肪含量 35%）
……100mℓ
牛乳……100mℓ
鹽巴……1 小撮
糖漬美國櫻桃※……10 顆
酸奶油……50g
薄荷……少許

※ 糖漬美國櫻桃作法請參考 p.34。也可以使用歐洲酸櫻桃的罐頭。

製作方法

1. 把糖漬美國櫻桃的糖漿和鮮奶油、牛乳、鹽巴混拌在一起。
2. 把 **1** 裝盤，用湯匙把酸奶油和糖漬美國櫻桃放在盤內。最後，撒上切成細絲的薄荷。

＊除了櫻桃之外，也可以用李子製作。適合用帶有酸味的水果製作。

Hungary

櫻桃冷湯

Hideg cseresznyeleves

冷水果湯是匈牙利夏季的名產料理，通常是當成前菜，而不是甜點。當地是用鮮奶油和砂糖熬煮夏季水果，然後再用麵粉勾芡、冷卻，但其實只要運用糖漬的糖漿稍微混拌，就可以輕鬆製作。如果可以用歐洲酸櫻桃製作，就能製作出更正統的冷湯。非常適合搭配布里歐麵包或牛奶麵包等微甜的麵包。

材料（3～4人份）
西瓜……（淨重）400g
番茄……300g（約1.5個）
洋蔥……60g
芹菜……30g
甜椒（紅）……（淨重）70g
長棍麵包……50g
蒜頭……1/4瓣
E.V.橄欖油……2大匙
白酒醋……1大匙
檸檬汁……1大匙
鹽巴……1/4小匙
白胡椒……少許
卡宴辣椒……少許
羅勒……少許

製作方法

1. 西瓜去除種籽和果皮，測量重量，切成一口大小。番茄用熱水汆燙，切成一口大小。甜椒去除種籽，去除外皮測量重量，切成一口大小。

2. 洋蔥和芹菜切成碎粒。

3. 長棍麵包切成一口大小，淋上水80mℓ。

4. 把**1**、**2**、**3**的食材放進食物調理機，加入蒜頭、E.V.橄欖油、白酒醋、檸檬汁、鹽巴、白胡椒，攪拌至柔滑程度。

5. 最後，隨附上挖成圓球狀的西瓜（份量外）、羅勒，淋上少許E.V.橄欖油（份量外），撒上卡宴辣椒。

＊也推薦把水果換成草莓、藍莓等紅色的莓果。

Spain

西班牙凍湯與西瓜

Gazpacho de sandía y tomate

發源自西班牙安達盧西亞地區的冷湯，主要特色是以番茄為基底，用麵包製作出濃稠感。是世界各地非常受歡迎的夏季冷湯，使用的水果也可以依個人喜好改變。夏天建議搭配西瓜。柔滑、順口，還可以充分享受清爽的甜味和酸味。

材料（3～4人份）
馬鈴薯……200g
蘋果……200g
洋蔥……150g
無鹽奶油……30g
雞湯……200mℓ
牛乳……300mℓ
鹽巴……適量
白胡椒……少許
藍紋起司※……適量
長棍麵包……適量
鮮奶油……適量

※這裡使用的是昂貝爾起司。奧弗涅藍起司、古岡左拉起司等，味道溫和的藍紋起司比較適合。

製作方法

1. 馬鈴薯削掉外皮，切成薄片。蘋果削除外皮，去除種籽，切成銀杏切。洋蔥切成薄片。
2. 把無鹽奶油放進鍋裡加熱，融化後，把洋蔥放進鍋裡，炒至透明。
3. 把雞湯倒進**2**的鍋裡面，蓋上鍋蓋，用中火把馬鈴薯煮爛。加入牛乳，煮沸後，用手持攪拌器攪拌至柔滑程度，用鹽巴、白胡椒調味。
4. 裝盤，放上頂飾配料：鮮奶油、薄切成片的長棍麵包、切成一口大小的藍紋起司、帶皮切成細絲的蘋果（份量外）。

France

蘋果馬鈴薯湯

Soupe aux pommes et pommes de terre

法語的蘋果是 Pom，馬鈴薯則是 Pomme de terre，意思是「大地的蘋果」。由水果的蘋果和大地的蘋果所組合而成的湯，質樸的味道中，散發出濃濃的蘋果香氣，味道格外令人印象深刻。頂飾配料是切成細絲的蘋果和藍紋起司。新鮮蘋果的味道和藍紋起司的濃郁，非常適合搭配麵包。

材料（3～4人份）

栗子 ※……（淨重）300g
洋蔥……150g
無鹽奶油……30g
雞湯……300mℓ
牛乳……300mℓ
培根……適量
巴西里……少許
鹽巴……適量
白胡椒……少許
黑胡椒……少許

※這裡使用的是日本栗子，不過，也可以用歐洲產的去殼栗子製作。

製作方法

1. 栗子去除外殼，切成4等分。洋蔥切成薄片。
2. 把無鹽奶油放進鍋裡加熱，融化後，把洋蔥放進鍋裡，炒至透明。加入栗子，拌炒。
3. 把雞湯倒進**2**的鍋裡面，蓋上鍋蓋，用中火把栗子煮至軟爛。這裡取出適量頂飾用的栗子備用。加入牛乳，煮沸後，用手持攪拌器攪拌至柔滑，再用鹽巴、白胡椒調味。
4. 裝盤，放上切成便籤切後並進一步香煎的培根、切成細絲的巴西里，以及**3**取出備用，切成碎粒的栗子。最後撒上粗粒的黑胡椒。

France

栗子湯

Soupe de châtaignes

充滿栗子甜味的湯，是秋季才有的味道。利用培根增添濃郁，黑胡椒增添香氣，讓整體的味道更加紮實。比起白麵包，裸麥麵包、全麥麵包會更加適合，如果可以，建議搭配加了栗子粉的麵包。

材料（2 人份）

牛腿肉（牛排用）……1 片（200g）
芝麻菜……適量
葡萄（巨峰）……6 顆
帕馬森起士……適量
義大利香醋……4 大匙
E.V. 橄欖油……適量
鹽巴……少許
白胡椒……少許
黑胡椒……少許

製作方法

1. 牛腿肉恢復至室溫，撒上鹽巴和白胡椒。
2. 用平底鍋加熱 E.V. 橄欖油，用中火煎煮 **1** 的牛腿肉。兩面都上色後，取出放在調理盤上。
3. 用 **2** 的平底鍋，把切成對半的葡萄稍微煎過，取出放在調理盤上。
4. 製作醬汁。把義大利香醋倒進 **3** 的鍋裡，開中火加熱，熬煮至份量減半。加入鹽巴調味。
5. 將 **2** 的牛腿肉切片裝盤後，隨附上切成適當大小的芝麻菜，放上 **3** 的葡萄，淋上 **4** 的醬汁。放上用刨刀薄削的帕馬森起士，再撒上粗粒的黑胡椒。

Italy

義式牛肉沙拉佐葡萄和芝麻菜

Tagliata di manzo con uva e rucola

義大利語 Tagliata 是「薄切」的意思，是搭配大量蔬菜一起享用的簡單料理。
香煎葡萄和義大利香醋混合之後，果香味變得更加鮮明，牛肉也變得更加清爽。
用麵包夾起來，製作成三明治，同樣也非常美味。搭配紅酒一起品嚐吧！

France

香煎鴨肉佐苦橙醬

Magret de canard sauce bigarade

經典的法國料理，肉類料理和水果組合搭配是菜單搭配的基本常識。柳橙汁熬煮製成的苦橙醬，只要把精白砂糖焦糖化，不僅能增添甜味，同時還能增加苦味和濃郁，另外，再加上酒醋的酸味，就能讓油脂豐富的鴨肉風味更顯濃郁。

材料（2 人份）

鴨胸肉（法式香煎鴨胸）……1 片（300g）
鹽巴、白胡椒……適量
無鹽奶油……10g
柳橙……1/2 個
糖漬橙皮（參考 p.146）……適量
西洋菜……適量
苦橙醬
- 柳橙汁……150mℓ
- 小牛骨高湯……100mℓ
- 精白砂糖……30g
- 紅酒醋……2 大匙
- 鹽巴、白胡椒……少許
- 黑胡椒……5 粒

製作方法

1. 製作苦橙醬。把精白砂糖和紅酒醋放進鍋裡，開火加熱。呈現焦糖狀且染色後，加入柳橙汁稀釋。加入壓碎的黑胡椒，熬煮至份量減少一半後，加入小牛骨高湯，進一步熬煮。用鹽巴、白胡椒調味。

2. 鴨胸肉的鴨皮切出格子狀的刀痕後，恢復至常溫。撒上鹽巴、白胡椒，把鴨皮朝下，放進平底鍋，加入無鹽奶油，用小火慢煎。產生油脂後，用湯匙把油撈起來，淋在鴨肉上面。一邊重複這樣的動作，直到鴨肉表面呈現泛白，鴨皮呈現焦黃色後，翻面，內側也要煎 1 分鐘左右。

3. 把 **2** 的鴨皮朝上，放在鋪有鐵網的調理盤上面，用已預熱至 160℃ 的烤箱烤 5 分鐘。

4. 把 **3** 的鴨肉從烤箱內取出，蓋上鋁箔紙，燜 20 分鐘。

5. 柳橙剝除外皮，取出果肉（參考 p.21 切法 7）。

6. 把 **4** 的鴨肉切片，裝盤。淋上 **1** 的苦橙醬，隨附上 **5** 的柳橙、糖漬橙皮和西洋菜，最後撒上壓碎的黑胡椒。

若是用法國麵包夾起來，就成了令人驚豔的奢華三明治。

France

嫩肝水果陶罐

Terrine de foie de volaille aux châtaignes et fruits secs

以雞肝為主體，味道濃醇的陶罐，雞肝和豬五花肉的搭配十分絕妙。甘栗和果乾的甜味與酸味成為味覺的重點，即便是不愛吃雞肝的人，也同樣覺得美味。雖然有點費時，不過，就陶罐料理來說，這道料理的食材比較容易備齊，而且，只要照著步驟做，就比較不會失敗，同時也適合搭配麵包和紅酒，是非常值得推薦的料理。只要隨附上將義大利香醋熬煮出濃稠度，再用少許鹽巴、白胡椒調味的醬汁，就能更加美味。

材料（容量約 0.7ℓ 的陶罐模型 1 個）

雞肝……400g
豬五花肉……200g
洋蔥……100g
無鹽奶油……10g
雞蛋……1 個
鮮奶油……50mℓ
波特酒（紅）……1 大匙
干邑白蘭地……1 大匙
鹽巴……7g
精白砂糖……1 小撮
白胡椒……0.5g
去殼栗子……10 個
無花果乾……4 ～ 6 個
西梅乾……4 ～ 6 個

製作方法

1. 雞肝去除多餘的脂肪和筋，用冷水沖洗掉血塊和血管。放進冰水浸泡 15 分鐘，清除血液。

2. 用濾網把 **1** 撈起，撒上些許鹽巴（份量外），放置一段時間，用廚房紙巾擦乾水分。放進調理盆，淋上波特酒，放置冰箱 3 小時至 8 小時。

3. 豬五花肉切成 5㎜ 的丁塊狀，淋上干邑白蘭地，在冰箱內放置 3 小時至 8 小時。

4. 把烤箱預熱至 160℃。洋蔥切成細末，用奶油炒至焦黃色，放冷備用。

5. 把 **3** 的豬五花肉放進食物調理機，稍微攪拌後，加入一半的 **2**、鹽巴、精白砂糖、白胡椒、雞蛋、**4** 的洋蔥，充分攪拌直到整體呈現濕潤的稠狀。最後再加入鮮奶油攪拌。

6. 在陶罐模型的內側塗抹無鹽奶油（份量外），鋪上廚房紙巾。剛開始，把 **5** 的 1/4 份量倒入，接著把 **2** 剩下一半份量的雞肝放入，旁邊則擺放去殼栗子。

7. 進一步倒入 **5** 的 1/4 份量，將無花果乾排成一排。在無花果乾的旁邊擺上雞肝後，再倒入 **5** 的 1/4 份量。把西梅乾排在正中央後，將 **5** 剩下的份量全部倒入，然後將表面抹平。

8. 把陶罐模型放進隔水加熱用的調理盤，倒入大量的熱水，用 160℃ 的烤箱，隔水加熱 75 分鐘。剛開始的 45 分鐘，蓋上蓋子，之後就把蓋子掀開。完成後，測量陶罐的中心溫度。如果溫度未滿 70℃，就再進一步加熱。

9. 從烤箱取出，把壓板放在上方，放進倒滿冰水的調理盤，使熱度消退。放涼後，在放置壓板的狀態下冷卻一晚。

France

甘栗嫩肝烤雞

Poulet rôti farci aux châtaignes et foie de valaille

烤得香酥的烤雞是法國全年都可以吃得到的經典菜色。在雞的肚子裡面塞進大量食材，烘烤出美味。甘栗的香甜和雞肝非常速配，吸滿肉汁的長棍麵包，讓整體的風味更加調和。

材料（全雞）

全雞（小）……1kg
無鹽奶油……30g
鹽巴……適量
白胡椒……少許
西洋菜……1 把
餡料（填塞物）
- 雞肝……100g
- 洋蔥……50g
- 蒜頭……1/2 瓣
- 無鹽奶油……15g
- 長棍麵包……25g
- 去殼甘栗……50g
- 綜合堅果……10g
- 巴西里（切細末）……1 大匙
- 鹽巴……少許
- 白胡椒……少許

製作方法

1. 全雞恢復至常溫。
2. 雞肝去除脂肪，切成一口大小後，用冷水清洗。換水 3 次，如果有血塊，就進一步清除。把雞肝放進調理碗，放進冷水，靜置 30 分鐘後，用濾網撈起來，撒上鹽巴。用廚房紙巾確實擦乾水分。
3. 製作餡料（填塞物）。蒜頭和洋蔥切成細末，用平底鍋把奶油加熱後，把蒜頭和洋蔥放進鍋裡，炒至洋蔥變透明後，倒入 **2** 的雞肝拌炒，用鹽巴、白胡椒調味。加入切成1㎝丁塊狀的長棍麵包、去殼甘栗、切成碎粒的綜合堅果、巴西里混拌。
4. 把鹽巴、白胡椒撒進全雞的肚子裡面，將 **3** 的餡料塞進肚子裡面後把雞皮拉長，用牙籤或竹籤，把開口封起來。雙腳用細繩確實綁起來。全雞外皮搓入鹽巴、白胡椒。
5. 用平底鍋加熱無鹽奶油，把 **4** 放鍋裡煎。一邊改變位置，將表面煎至呈現焦黃色。
6. 把 **5** 的全雞放在調理盤，用預熱至 200℃的烤箱烤 50 分鐘左右。每隔 10 ～ 15 分鐘從烤箱內取出，一邊把肉湯澆淋在表面，一邊烤。肉汁呈現透明後，從烤箱內取出。在溫熱的場所靜置 30 分鐘左右。
7. 把 **6** 的全雞裝盤，並隨附上西洋菜。

07

水果、麵包和起司的享用方法

STAUB
STAUB

藍紋起司無花果和焗烤長棍麵包

成熟無花果的濃醇味道，非常適合搭配藍紋起司。把夾上藍紋起司的無花果放在烤得酥脆的長棍麵包上面，再放進烤箱裡面烤。因為搭配蜂蜜一起烘烤，藉由濃稠感，讓麵包、水果和起司相互融合。不論是當成前菜或是餐後甜點，都非常適合。

材料（容量1ℓ的焗烤盤）

無花果※……450g
長棍麵包……80g（約1/3條）
無鹽奶油……10g
藍紋起司※※……50g
蜂蜜……25g
百里香（新鮮）……適量

※這裡使用日本國產品和進口品共3種無花果。使用品種：桝井陶芬3個、Black Mission（加州產黑無花果）10個、Florentine（義大利產白無花果）3個。

※※這裡使用的是古岡左拉皮坎堤起司。昂貝爾起司、奧弗涅藍起司等，味道溫和的藍紋起司比較適合。

製作方法

1. 長棍麵包切成一口大小，再用烤箱烤至整體上色。
2. 在耐熱盤的內側抹上無鹽奶油，把**1**的長棍麵包放入。
3. 把無花果的上方切掉，進一步切出十字形的切口。把切成小塊的藍紋起司塞進切口，排在**2**的長棍麵包上面。
4. 把百里香放在**3**的無花果上面，淋上蜂蜜。用預熱220℃的烤箱烤8分鐘。
5. 吃的時候，分別取用長棍麵包和無花果，依個人喜好，淋上蜂蜜（份量外）。

＊當成前菜的時候，可減少蜂蜜的用量，搭配生火腿（帕爾瑪火腿），再淋上E.V.橄欖油，進一步烘烤。

用湯匙一起享用稠化的無花果和吸入無花果風味的長棍麵包。也可依個人喜好，搭配香草冰淇淋。

美國櫻桃和
卡芒貝爾乾酪的蛋糕組合

白黴起司非常適合搭配各種不同的水果，新鮮水果當然不用說，同時也能混搭果醬、果乾和堅果。這一盤巧妙運用了卡芒貝爾乾酪的尺寸，製作出宛如蛋糕般的組合。建議搭配紅酒一起享用，適合成人的生日或是派對菜單。

材料（1 個份量）

卡芒貝爾乾酪（法國產）※
……1 個（250g）
無鹽奶油……20g
美國櫻桃……15 ～ 20 顆
西梅李醬（參考 p.28）※※……50g
薄荷……少許

※ 也可以使用布里起司、庫洛米耶起司等其他白黴起司。

※※ 也可以換成櫻桃醬或個人偏愛的紅色莓果醬。

製作方法

1. 無鹽奶油恢復至常溫。
2. 卡芒貝爾乾酪從側面切成對半，在剖面抹上 **1** 的無鹽奶油。
3. 美國櫻桃去除梗和種籽。4 顆切成對半，作為頂飾用。
4. 把整顆美國櫻桃排放在 **2** 的卡芒貝爾乾酪下層。在美國櫻桃之間淋上西梅李醬 35g，把 **2** 的卡芒貝爾乾酪上層重疊在上方，用手掌輕壓，讓彼此緊密貼合。
5. 把剩餘的西梅李醬鋪在 **4** 的卡芒貝爾乾酪上面，放上切成對半的美國櫻桃。最後附上薄荷。

＊也可以換成草莓、藍莓、葡萄等當季水果。
＊放進冰箱冷卻凝固 30 分鐘左右，就會更好切。

像蛋糕那樣分切，放在麵包上面享用。建議搭配裸麥麵包或是鄉村麵包食用。

起司和水果的法式醬糜

白黴起司和藍紋起司組合而成的簡單法式醬糜，塗抹在蜂蜜奶油和頂飾的水果之間，形成絕妙的協調。果乾淋上白葡萄酒，讓其充份濕潤，和起司充分融合，使風味更佳。大量塗抹在長棍麵包或鄉村麵包上面，搭配紅酒一起享用。

材料（容量400mℓ的法式醬糜模型1個）

個人偏愛的白黴起司
（這裡使用布里起司）……300g
個人偏愛的藍紋起司
（這裡使用奧弗涅藍起司）……120g
無鹽奶油……60g
蜂蜜……25g
個人偏愛的果乾※……50g
白葡萄酒……2～3大匙
核桃（烘烤）……適量

※使用葡萄乾、無花果乾、杏桃乾、蘋果乾（參考p.17）。

製作方法

1. 果乾切成容易食用的大小，淋上白葡萄酒，在冰箱內放置一晚。
2. 把恢復至常溫的無鹽奶油和蜂蜜混拌在一起。
3. 把一半份量的白黴起司片放進法式醬糜模型，倒入**2**的一半份量，進一步重疊上一半份量的藍紋起司片。接著，再倒入**2**剩餘的份量，最後再重疊上剩餘的白黴起司。
4. 把**1**的果乾和切碎的核桃鋪在**3**的白黴起司上面，放進冰箱冷卻凝固。

楓丹白露和
藍莓果粒果醬

法國的新鮮起司「白乳酪」和鮮奶油製作而成的鬆軟甜點，搭配上水果之後，酸味和甜味就會變得更加鮮明。將水果加以濃縮的果粒果醬，和新鮮水果的雙重組合，建議一起鋪在麵包上一起享用。這裡介紹用瀝乾水分的優格取代白乳酪的簡單作法。

材料（3～4人份）

瀝乾水分的優格※
……（瀝乾水之後）450g
鮮奶油（乳脂肪含量42%）
……200mℓ
精白砂糖……16g
蜂蜜……30g
藍莓醬（參考p.31）……適量
藍莓……適量

※ 瀝乾水分的優格
用鋪了廚房紙巾的濾網把原味優格撈起來，將濾網放在比濾網小一個尺寸的碗上面。蓋上保鮮膜，在冰箱內放置一晚，瀝乾水分。瀝乾水分後的重量大約是一半左右。

製作方法

1. 在瀝乾水分的優格裡面混進蜂蜜。
2. 把精白砂糖放進鮮奶油，打至8分發。
3. 把**1**和**2**充份混拌後，裝進裝有星形花嘴的擠花袋。
4. 在小圓盅等小尺寸的模型內鋪上紗布，將**3**擠入，放進冰箱冷卻。也可以用較大的容器製作，然後再分裝取用。
5. 最後**4**隨附上藍莓醬和藍莓。

＊把紗布鋪在容器裡面，藉此吸收多餘的水分，就能製作出鬆軟同時兼具紮實口感的鮮奶油。水果可依個人喜好。藍莓或草莓等莓果類，或是杏桃、西梅李等酸中帶甜的水果都很適合。

建議搭配含有大量奶油和雞蛋的布里歐麵包。除了當成享受奢華風味的甜點之外，也可以當成週末的早餐。布里歐麵包可先稍微烤過。搭配可頌也相當美味。

起司和
水果的驚喜麵包

「Pain Surprise」在法語中的意思是「驚喜麵包」。通常都是把大型的麵包挖空，把內部製作成三明治，不過，這裡則是從側面將麵包切片，重疊上起司和水果，製作成蛋糕般的風格。品嚐起司和麵包融合的整體感，格外新鮮。

材料（1 個）

驚喜麵包……1 個（200g）
奶油起司奶油 ※……40g
柿乾（參考 p.17）……60g
綜合堅果（烘烤）……50g
西梅乾……80g

※ 奶油起司奶油（容易製作的份量）
把奶油起司 200g 和無鹽奶油 170g 恢復常溫，和蜂蜜 20g、鹽巴一小撮混拌在一起。

製作方法

1. 驚喜麵包從側面切成 4 等分。
2. 從 **1** 的底層開始夾上配料。首先，把 1/6 份量的奶油起司奶油抹在最底層的麵包，排放上柿乾，用抹上奶油起司奶油（1/6 份量）的麵包夾起來。從上方稍微按壓，讓奶油起司奶油和柿乾緊密地貼合。
3. 在 **2** 的上面抹上 1/6 份量的奶油起司奶油，鋪上綜合堅果，用抹上奶油起司奶油（1/6 份量）的麵包夾起來。從上方稍微按壓
4. 在 **3** 的上面抹上 1/6 份量的奶油起司奶油，排放上西梅乾，用抹上奶油起司奶油（剩餘）的麵包夾起來。為了使整體緊密貼合，要從上方確實按壓，再用保鮮膜包起來，放進冰箱冷卻凝固 1 小時左右。
5. 分切成容易食用的大小，再依個人喜好，淋上蜂蜜（份量外）。

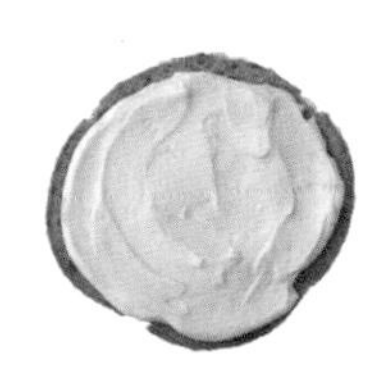

果乾和堅果可依個人喜好，自由搭配。果乾也可以先用紅酒或蘭姆酒浸漬後再使用。

PROFILE

永田唯（Nagata Yui）

在歷經食品製造商、食材專賣店及商品開發人員等工作經驗後，自立門戶。現以三明治、麵包餐點為主，以菜單開發顧問、書籍與廣告的食品協調員等身份，參與多元化的飲食提案。持有日本侍酒師協會的侍酒師資格、起司專業協會的起司專業師資格、中醫藥研究會的中醫國際藥膳士資格、Le Cordon Bleu料理名校的Le Grand Diplôme資格。著有《サンドイッチの発想と組み立て（三明治研究室）》（誠文堂新光社）、《テリーヌ＆パテ（法式醬糜和漢堡排）》（河出書房新社）、《蛋與吐司的美味組合公式》等。

參考文獻

《法國飲食事典》（白水社）、《新Larousse料理大辭典》（同朋舍）、
《圖説 果實大圖鑑》（Mynavi出版）
《「AU BON VIEUX TEMPS」河田勝彥的法國鄉土甜點》（誠文堂新光社）

TITLE

水果與吐司　美味組合公式

STAFF

出版	瑞昇文化事業股份有限公司
作者	永田唯
譯者	羅淑慧
總編輯	郭湘齡
責任編輯	張聿雯
文字編輯	徐承義
美術編輯	許菩真
排版	沈蔚庭
製版	明宏彩色照相製版有限公司
印刷	桂林彩色印刷股份有限公司
法律顧問	立勤國際法律事務所　黃沛聲律師
戶名	瑞昇文化事業股份有限公司
劃撥帳號	19598343
地址	新北市中和區景平路464巷2弄1-4號
電話	(02)2945-3191
傳真	(02)2945-3190
網址	www.rising-books.com.tw
Mail	deepblue@rising-books.com.tw
初版日期	2023年2月
定價	480元

ORIGINAL JAPANESE EDITION STAFF

調理助理	坂本詠子、桐生恵奈
攝影	髙杉 純
設計・裝幀	那須彩子（苺デザイン）
編輯	矢口晴美

國家圖書館出版品預行編目資料

水果與吐司美味組合公式 / 永田唯作；羅淑慧譯. -- 初版. -- 新北市：瑞昇文化事業股份有限公司, 2023.02
192面； 24.5x18.5公分
ISBN 978-986-401-604-4(平裝)

1.CST: 速食食譜

427.14　　111020151